Studieren im Quadrat

AF792322

Was bedeutet Studieren im Quadrat?

Erfolgreich studieren, das ist leichter gesagt als getan. Denn zwischen Hörsaal, Bibliothek und Prüfungen gibt es im Studi-Alltag so manche Herausforderung zu meistern. Die UVK-Reihe »Studieren im Quadrat« hilft Ihnen dabei, in allen Lebenslagen cool zu bleiben – vom Praktikum über die Studienkrise bis hin zur Gründung des ersten Start-ups. Also keine Sorge, die bunten Bücher stehen Ihnen bei Fragen rund ums Studium bei.

Bislang sind erschienen:

- Mein Praktikum: Bewerben, einsteigen, aufsteigen
- Erfolgreich gründen: Start-Up im Studium
- Vom Studenten zum Chef
- Don't Panic! Studienabbruch als Chance
- Gechillt und entspannt durchs Studium
- Stay cool: Überzeugend präsentieren im Studium
- Beruf und Studium: Büffeln nach Feierabend

Günther Koch

Studieren im Quadrat

Beruf und Studium

Büffeln nach Feierabend

2., überarbeitete und aktualisierte Auflage

unter Mitarbeit von Nikita Gribenko

UVK Verlagsgesellschaft mbH · Konstanz und München

Günther Koch ist Dozent für Wissenschaftliches Arbeiten am Staatsinstitut München.

Dieses Buch erschien bisher bei utb.

Bibliografische Information der Deutschen Bibliothek
Die Deutsche Bibliothek verzeichnet diese Publikation in der Deutschen Nationalbibliografie; detaillierte bibliografische Daten sind im Internet über <http://dnb.ddb.de> abrufbar.

Das Werk einschließlich aller seiner Teile ist urheberrechtlich geschützt. Jede Verwertung außerhalb der engen Grenzen des Urheberrechtsgesetzes ist ohne Zustimmung des Verlages unzulässig und strafbar. Das gilt insbesondere für Vervielfältigungen, Übersetzungen, Mikroverfilmungen und die Einspeicherung und Verarbeitung in elektronischen Systemen.

ISBN 978-3-86764-764-9 (Print)
ISBN 978-3-7398-0250-3 (E-PUB)
ISBN 978-3-7398-0251-0 (E-PDF)

© UVK Verlagsgesellschaft mbH, Konstanz und München 2017

Umschlaggestaltung: Susannne Engstle und Susanne Fuellhaas

UVK Verlagsgesellschaft mbH
Schützenstr. 24 · 78462 Konstanz
Tel. 07531/9053-0 · Fax 07531/9053-98
www.uvk.de

Vorwort *oder* Ein Wort an Sie, liebe Leser

Herzlich willkommen!

Sie fallen also in die Kategorie derer, die zu viel Zeit haben? Die sich in ihrem Job nicht ausgelastet fühlen und die mit der vielen Freizeit nichts Sinnvolleres anzufangen wissen, als diese mit dem Besuch von Vorlesungen, endlosen Diskussionen mit Dozenten und der Vorbereitung auf Prüfungen zu verbringen?

Herzlich willkommen im Club!

Sie sind nicht allein, denn die Zahl der berufsbegleitend Studierenden steigt sprunghaft und hat schon längst die magische 100.000er-Grenze durchbrochen. Lebenslanges Lernen scheint also tatsächlich nicht nur ein leeres Schlagwort zu sein, mit dem die Weiterbildungsindustrie uns ein schlechtes Gewissen machen will, sondern in der Berufswelt des 21. Jahrhundert vielmehr Notwendigkeit und Selbstverständlichkeit.

Nachdem Sie aktuell bereits einen Beruf ausüben und ein festes Einkommen beziehen, wäre es doch eigentlich nur allzu verständlich, sich nach Jahren des Lernens in Schule, Ausbildung und Studium entspannt zurückzulehnen, das Leben zu genießen und zum ersten Mal von eigener Hände Arbeit finanziert all die schönen Dinge des Lebens zu genießen.

Und dennoch scheinen Sie mehr zu wollen, scheinen nicht stehen bleiben zu wollen, sich mit dem Status quo nicht zufrieden geben zu können und machen sich bereits Gedanken über den Erwerb neuer Kompetenzen, weiteren Wissens und nicht zuletzt eines zusätzlichen akademischen Abschlusses. Dies ist insofern verständlich, als Lernen etwas sehr Befriedigendes sein kann und eine weitere Qualifikation möglicherweise ganz neue berufliche Perspektiven eröffnet.

Unabhängig davon, ob Sie Berufseinsteiger sind oder Ihrem Beruf schon längere Zeit nachgehen, unabhängig davon, ob Sie bereits ein akademisches Studium oder aber eine Berufsausbildung absolviert haben, kann ein Studium neben dem Beruf Ihrer Karriere den entscheidenden Schub verleihen ohne dabei die berufliche und finanzielle Sicherheit aufzugeben.

Natürlich werden Sie an dieser Stelle noch Zweifel hegen und sich eine Vielzahl an Fragen stellen – vielleicht kommen Ihnen die folgenden, im Gespräch mit berufsbegleitenden Studierenden geäußerten Fragen ja bekannt vor:

- Schaffe ich es zeitlich, Beruf und Studium unter einen Hut zu bekommen?
- Was werden mein Umfeld und mein Chef sagen?
- Welche finanziellen Kosten kommen auf mich zu?
- Soll ich studieren, was mich schon immer interessiert hat, oder lieber etwas, das mich beruflich weiterbringt?

Diese Fragen und noch viele mehr beantwortet dieses Buch im ersten Teil. Aber auch, wenn Ihre Entscheidung, neben dem Beruf ein Studium zu absolvieren, bereits feststeht, bietet die deutsche Bildungslandschaft Ihnen eine Vielzahl an Optionen:

- staatliche oder private Hochschule?
- reguläres Studium, Abendstudium oder Wochenendstudium?
- Präsenz- oder Fernstudium?
- Fachhochschule oder Universität?

Und nicht zuletzt:

- eine kaum überschaubare Anzahl unterschiedlicher Studiengänge

Auch hier wird Ihnen dieses Buch eine Hilfe sein und Ihnen Orientierung im Dickicht des deutschen Hochschuldschungels geben; nicht nur durch Vergleiche der einzelnen Möglichkeiten, ein Aufzählen von Vor- und Nachteilen und ein Aufzeigen Ihrer Optionen, sondern auch durch mehrere Tests, mit denen Sie sich besser kennen lernen und leichter die für Sie richtigen Entscheidungen treffen können. Die Fragen im Überblick:

Abb. 1: Inhalte Teil I

Nachdem Ihnen dieses Buch also im ersten Teil die Entscheidungsfindung erleichtert hat, zeigt Ihnen der zweite Teil auf, wie Sie besonders effizient lernen und studieren können, um Ihre neben dem Beruf knappe Zeit nicht unnötig und unproduktiv zu vergeuden. Dazu konzentriert er sich auf drei Säulen, die Ihre Effizienz im Studium stark beeinflussen:

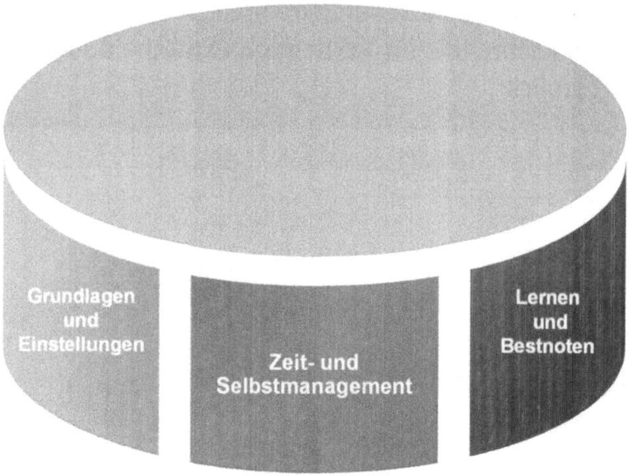

Abb. 2: Inhalte Teil II

Inhaltsverzeichnis

1 Die Entscheidung *oder* Wieso? Weshalb? Vor allem aber Wie?

Weshalb sollte ich überhaupt studieren? Ich habe doch einen Job!

Die Entscheidung für ein nebenberufliches Studium und den damit verbundenen zeitlichen und finanziellen Aufwand will gut überlegt sein. Dennoch entscheidet sich eine stetig steigende Anzahl an Arbeitnehmern dafür. Das folgende Kapitel analysiert ihre Beweggründe. Selbstverständlich sind diese vielfältig. Dennoch lassen sich in der Regel zwei zentrale Antriebsfaktoren unterscheiden.

Ein (weiteres) Studium bringt mich beruflich voran

Die meisten berufstätigen Studierenden geben an, ihr Studium solle der weiteren Karriere dienen. So kommen viele Arbeitnehmer früher oder später an den Punkt, an dem sie beruflich auf der Stelle treten und ihre (nicht ausreichende) Qualifikation als Ursache ansehen. Unter Umständen wurde nie ein Hochschulstudium absolviert oder „nur" ein Bachelorabschluss erworben. Innerhalb des Unternehmes stoßen sie an die so genannte Gläserne Decke, sehen keine Aufstiegschance für sich und realisieren, wie nachrückende Berufseinsteiger von unten drängen.

Die Erwartungen dieser Personengruppe an ihr Hochschulstudium sind vielfältig:

- Karriereschub
- höheres Gehalt

- Führungsverantwortung
- attraktivere Positionen
- höhere Attraktivität für andere Arbeitgeber
- vielfältigere Aufgaben
- sicherer Arbeitsplatz

Vor dem Hintergrund dieser Antriebsfaktoren bietet ein berufsbegleitendes Studium drei wichtige Vorteile:

Ein Studium nach Feierabend zeigt Ihren Vorgesetzten, dass Sie brennen, sich mit dem bislang Erreichten nicht zufrieden geben und nach Höherem streben. Auf diese Weise melden Sie bereits indirekt höhere Ansprüche und Karrierewünsche an, ohne diese aussprechen zu müssen. Je nach Unternehmenskultur kann dies wichtig sein. Ihr Vorgesetzter wird in den meisten Fällen daran interessiert sein, einen derart motivierten Mitarbeiter langfristig an das Unternehmen zu binden und nicht an die Konkurrenz zu verlieren. Solange Sie studieren hat er die Möglichkeit, sich geeignete, besser bezahlte Positionen für Sie zu überlegen.

Abgesehen von dieser Motivationskomponente geht ein Studium immer auch einher mit höherer Kompetenz und Qualifikation. Dass dies zu verantwortungsvolleren Aufgaben, Führungsverantwortung und höherem Einkommen führt, ist der Regelfall. Wenn nicht in Ihrem bisherigen Unternehmen, dann für einen neuen Arbeitgeber, der hoch qualifizierte Mitarbeiter tatsächlich zu schätzen weiß.

Dritter, für Vorgesetzte und Arbeitgeber relevanter Faktor ist neben Motivation und beruflicher Kompetenz die Selbstkompetenz, die Sie durch ein berufsbegleitendes Studium Semester für Semester aufs Neue unter Beweis stellen. Wichtige Eigenschaften wie Belastbarkeit und Beharrlichkeit aber auch Zeitmanagement und Selbstorganisation werden Sie in Ihrem Studium benötigen, aber auch ausbauen.

Fassen wir zusammen und wechseln dabei die Perspektive – versetzen Sie sich in die Situation Ihres Vorgesetzten oder Arbeitgebers. Wären Sie nicht auch bestrebt, einen Mitarbeiter, der sich als hochmotiviert erweist, sein fachliches Know-how auf hohem Niveau weiter ausbaut und dessen Selbstkompetenz seinesgleichen sucht, langfristig an sich zu binden?
Wie könnten Sie nicht bereit sein, gemeinsam mit ihm eine seinen Interessen und Qualifikationen entsprechende Aufgabe zu finden? Würden Sie ihm in zukünftigen Gehaltsverhandlungen nicht entgegenkommen und wären Sie nicht auch bereit, ihm zukünftig ein höheres Gehalt zu bezahlen?

Studieren Sie Ihren Traum und sorgen Sie für persönliches Wachstum

Gerade wenn das eigene Studium schon einige Zeit zurückliegt und die Aufgaben des Berufsalltags zur Routine geworden sind, vermissen viele Arbeitnehmer Herausforderungen und Veränderungen. Viele vermissen es, sich neues Wissen anzueignen. Gerade erfolgreiche Arbeitnehmer streben häufig auch in der eigenen Person nach Perfektion und bemühen sich um (Weiter-)Bildung.

Ein Studium gibt Ihnen die Möglichkeit, endlich das zu studieren, was Sie schon immer interessiert hat, und die Lücken zu schließen, von denen sie sich schon immer gestört fühlten:

Wunderten Sie sich in der letzten Baselitz-Ausstellung darüber, dass das Museum seine Bilder anscheinend auf dem Kopf stehend ausstellt? Sind Sie beim Geschäftsessen zum Schweigen verdammt, sobald das Gespräch auf politische Zusammenhänge gelenkt wird? Mussten Sie sich vor dem Theaterbesuch mit Ihrer neuesten Flamme noch eilig über Autor und Stück informieren und fühlten sich in der anschließenden Diskussion trotzdem unsicher? Befürchten Sie generell, „enttarnt" zu werden, sobald das Gespräch an Tiefgang gewinnt? All diese Probleme zu lösen und Ihre Wissenslücken zu schließen, kann ein breit gefächertes Studium mit entsprechend gewählten Haupt- und Nebenfächern helfen.

Aber eventuell haben Sie ja auch aufgrund von Berufsaussicht, Verdienstmöglichkeit oder elterlichem Wunsch auf ein Studium der Kunstgeschichte verzichtet und sich lieber durch ein BWL-Studium gequält.

An Hochschulen finden sich immer wieder Studierende, die sich vor dem Hintergrund einer sicheren Anstellung und eines regelmäßigen Einkommens dafür entschieden haben, den eigenen Interessen auf hohem Niveau nachzugehen und dies mit einem weiteren Studienabschluss zu verbinden. Unter Umständen lassen sich auf lange Sicht aktueller Beruf und Passion sogar miteinander verbinden. Gemeinsam mit betriebswirtschaftlicher Kompetenz und Erfahrung prädestiniert nachträglich erworbenes kunstgeschichtliches Wissen Sie doch geradezu für eine Karriere in Galerien und Stiftungen oder als Kulturmanager.

Darüber hinaus finden sich berufstätige Studierende an Hochschulen häufig auch in den Sprachwissenschaften, da Sie so den Erwerb weiterer Fremdsprachen mit anerkanntem Abschluss und hochwertigem, aber kostengünstigem Sprachunterricht verbinden. Ein Bachelorstudium in Anglistik oder Italinistik ist nicht nur inhaltlich anspruchsvoller und ergiebiger als die Kurse unterschiedlicher Sprachenschulen, sondern führt zu hochwertigeren Abschlüssen und wertet Ihren Lebenslauf stärker auf.

Weitere Gründe und Vorteile im Überblick

Neben den beiden bereits angeführten Gründen sprechen zahlreiche weitere Vorteile für die Weiterbildung in Form eines Studiums:

Das im Studium erworbene Wissen kann von Ihnen, anders als von regulären, hauptberuflich Studierenden, sofort umgesetzt und in der Praxis erprobt werden. Auf diese Art und Weise erkennen Sie noch während des Studiums Anwendungszusammenhänge und Nutzen, können universitäres, theoretisches Wissen auf seine Praxistauglichkeit hin überprüfen und tun sich nicht zuletzt beim Lernen deutlich leichter.

In vielen Fällen lassen sich Praxiszeiten und vorherige Ausbildungs- oder Studienleistungen auf die Studiendauer anrechnen. So umgehen Sie beispielsweise Grundlagenseminare und sparen Zeit und oftmals auch Geld.

Als Arbeitnehmer haben Sie die Möglichkeit, ein berufsbegleitendes Studium von der Steuer abzusetzen. Hierbei lassen sich prinzipiell zwei Möglichkeiten unterscheiden:

[1] Handelt es sich um Ihr Erststudium, räumt Ihnen der Staat bis zu 6.000 € pro Jahr ein, die Sie als Sonderausgabe von der Steuer absetzen können.

[2] *Haben Sie jedoch bereits ein Studium erfolgreich absolviert und entscheiden sich für ein Zweitstudium, können Sie die dafür anfallenden Kosten als Werbungskosten absetzen.*

Anders als bei einem hauptberuflichen Studium haben Sie bei der berufsbegleitenden Form selbstverständlich ein regelmäßiges Einkommen. Während regulär Studierende sich meist mit gering entlohnten Nebenjobs über Wasser zu halten versuchen, können Sie aus dem Vollen schöpfen und müssen sich – zumindest in finanzieller Hinsicht – nicht einschränken.

Darüber hinaus führen nebenberuflich Studierende vereinzelt folgende Gründe an:

- um sich selbst zu beweisen, dass man es kann
- um anderen zu beweisen, dass man es kann
- um neue Freunde zu finden und Kontakte zu knüpfen
- um Kompetenz und Qualifikation zu steigern
- um sich intellektuell zu fordern
- um die Voraussetzungen für eine Promotion zu schaffen

Studieren trotz Berufstätigkeit – ist das Ihr Ding?

Unabhängig von all den Vorteilen, die Ihnen ein (weiteres) Studium im Allgemeinen und ein berufsbegleitendes Studium im Besonderen bietet, darf eine Entscheidung für ein solches nicht leichtfertig gefällt werden. Zu groß sind zeitlicher, finanzieller und nicht zuletzt emotionaler Aufwand, um dieses dann vorzeitig abbrechen zu müssen.

Die folgende Liste kann Ihnen eine Orientierungshilfe sein und die Entscheidung erleichtern, ob ein berufsbegleitendes Studium das Richtige für Sie ist. Sie steht bewusst am Anfang dieses Buches, so dass Sie von Ihnen unbeeinflusst von den Informationen, Tipps und Ratschlägen auf den nächsten Seiten bearbeitet werden kann. Wenn Sie Lust haben, können Sie diese Fragen für sich nach beendeter Lektüre dieses Buches nochmals beantworten. Vielleicht hat sich Ihre Sicht der Dinge verändert? Ich werde Sie auf jeden Fall darauf hinweisen.

Der folgende Fragebogen erfasst die zentralen Bereiche, die Voraussetzung für ein berufsbegleitendes Studium sind:

- Ihr soziales Umfeld
- Ihr Zeitmanagement und Ihre Selbstorganisation
- Ihre Einstellung und Motivation
- Ihr berufliches Umfeld
- Ihre Lernerfahrungen, Ihre Lerngewohnheiten

Kreuzen Sie einfach die Ihrer Meinung nach auf Ihre Person zutreffenden Aussagen an.

Mein soziales Umfeld

- ☐ Ich bin bereit, zugunsten meines Studiums bei meinen Hobbys kürzer zu treten und diese weniger zeitintensiv zu betreiben.
- ☐ Meine Freunde unterstützen mich in der Regel und werden Verständnis haben, wenn ich in Zukunft seltener Zeit für Sie habe.

☒ Ich habe keine/n PartnerIn oder aber eine/n PartnerIn, der/die mich bei meinem Vorhaben uneingeschränkt unterstützt.

☒ Ich habe keine Kinder oder aber Kinder, die alt und reif genug sind, um ihren Alltag weitgehend eigenständig zu bewältigen.

☐ Mir steht ein Ort zur Verfügung, an den ich mich zum Lernen zurückziehen kann und wo ich nicht gestört werde.

☐ In meiner Freizeit habe ich viel Leerlauf und ertappe mich dabei, Zeit mit Fernsehen oder Tagträumen totzuschlagen.

☐ Ich bin bereit, zugunsten meines Studiums meine sozialen Kontakte zurückzuschrauben und Freunde und Bekannte in Zukunft seltener zu treffen.

☐ Ich habe ein stabiles soziales Umfeld, das mich auffängt, wenn ich an mir selbst zweifle.

Mein Zeitmanagement und meine Selbstorganisation

☐ Ich gelte in Berufs- und Privatleben als besonders gut organisiert.

☐ Auch schwierige Aufgaben gehe ich an und schiebe diese nicht vor mir her – Prokrastination (Aufschieberitis) kenne ich nicht.

☐ Stehen viele verschiedene Aufgaben an, setze ich klare Prioritäten und gehe dementsprechend vor.

☐ To-do-Listen arbeite ich zuverlässig ab, bevor ich mich neuen Aufgaben widme.

- ☐ Auch wenn es in Berufs- und Privatleben stressig wird, behalte ich einen kühlen Kopf.
- ☐ Ich habe eigentlich nie das Gefühl, der Tag habe zu wenig Stunden.
- ☐ Aufgaben habe ich üblicherweise bereits vor Ablauf der Deadline erledigt.
- ☐ Ich selbst würde Zeitmanagement als eine meiner Stärken bezeichnen.
- ☐ Auch in Stresssituationen widme ich mich zielgenau den wichtigsten Aufgaben und halte mich nicht mit Kleinigkeiten auf.
- ☐ Ich verwende bereits erfolgreich unterschiedliche Techniken und Werkzeuge des Zeitmanagements.

Meine Einstellung und Motivation

- ☐ Vermutlich werde ich das Studium nicht als Belastung sehen, sondern eher als spannende Freizeitbeschäftigung.
- ☐ Ein (weiteres) Studium muss ich genau hier und jetzt absolvieren – das kann nicht warten.
- ☐ Ich bin ein zielstrebiger Mensch.
- ☐ Ich bin es gewohnt, hart für meine Ziele und Erfolge zu arbeiten.
- ☐ Zu dieser Form des Studiums gibt es für mich keine sinnvolle Alternative.

- ☐ Ich brenne geradezu für mein angehendes Studium und bin hochmotiviert.
- ☐ Ich habe klare Ziele vor Augen, für deren Erreichen das beabsichtigte Studium Voraussetzung ist.
- ☐ Auftretende Schwierigkeiten spornen mich zusätzlich an und bringen mich nicht zum Aufgeben.
- ☐ Ich konnte mich schon immer selbst motivieren und brauchte keine Lehrer o. Ä., die mich antreiben.

Meine berufliche Situation

- ☐ Mein Berufsleben füllt mich momentan nicht völlig aus.
- ☐ Ich muss mein Studium weder vor meinem Arbeitgeber noch vor meinen Kollegen geheim halten.
- ☐ Vorgesetzte und Arbeitgeber befürworten mein Vorhaben und unterstützen mich vielleicht sogar.
- ☐ In meinem beruflichen Umfeld gelte ich als besonders leistungsstark; meine Kompetenz wird nicht angezweifelt.
- ☐ Meine aktuelle Tätigkeit kann noch nicht alles gewesen sein – hier muss auf der Karriereleiter noch Luft nach oben sein.
- ☐ Seitens meiner Kollegen habe ich weder Neid noch Missgunst zu befürchten, sollten diese von meinem Studium erfahren.
- ☐ Meine Berufstätigkeit empfinde ich nicht als Einschränkung, sondern habe dennoch mehr als ausreichend Freizeit.

Meine Lernerfahrung, meine Lerngewohnheiten

- ☐ Ich empfand schon immer Freude, wenn ich mir neues Wissen aneignen konnte.
- ☐ Ich weiß, welcher Lerntyp ich bin und kenne meinen Lernstil und mein Lernerverhalten genau.
- ☐ Ich bin generell ein guter Leser und setze Lesestrategien ein.
- ☐ Lernen fiel mir schon zu Schulzeiten leichter als anderen.
- ☐ Ich bin es gewohnt, Neues zu lernen.
- ☐ Ich würde meine Problemlösefähigkeit als gut ausgeprägt bezeichnen.
- ☐ Ich kann mir gut vorstellen, im Urlaub am Strand interessante Seminarunterlagen durchzuarbeiten, während andere Romane lesen.
- ☐ Wenn ich lerne, bin ich in meiner eigenen Welt und Störungen bemerke ich gar nicht erst.
- ☐ Seit jeher setze ich gezielt Lerntechniken und Lernstrategien ein.
- ☐ Ich kann mir Dinge sehr gut merken, die ich höre oder lese.
- ☐ In Prüfungssituationen blühe ich erst richtig auf und Prüfungsangst war für mich schon immer ein Fremdwort.

Auswertung

Nachdem Sie nun alle Ihre Kreuze gesetzt haben, ist es an der Zeit, sich an die Auswertung zu machen. Bei 45 unterschiedlichen Aussagen sollten Sie sich an der Ein-Drittel-Grenze orientieren:

mehr als 30 Kreuze

Haben Sie mehr als 30 Kreuzchen setzen können, gibt Ihnen dieser Test grünes Licht. Obwohl Sie berufstätig sind, steht Ihrem Studium nichts mehr im Weg und Sie können loslegen.

16 bis 30 Kreuze

Haben Sie jedoch zwischen 16 und 30 Aussagen angekreuzt, sind Ihre ganz persönlichen Rahmenbedingungen nicht ideal, um neben der Arbeit auch noch zu studieren. Überlegen Sie gut, ob Sie die Herausforderung annehmen wollen. Vielleicht ist eine andere Form der Weiterbildung geeigneter oder es gibt einen besseren Zeitpunkt.

weniger als 16 Kreuze

Selbstverständlich liegt die Entscheidung über die Aufnahme eines Studiums einzig und allein bei Ihnen. Dennoch ist, wenn Sie weniger als 16 Aussagen zustimmen konnten, eher davon abzuraten. Unterschätzen Sie den Arbeitsaufwand nicht, den ein Studium mit sich bringt. Sinnvoll ist es, wenn Sie zunächst Ihre Rahmenbedingungen optimieren und speziell in denen der fünf Bereiche an sich arbeiten, in denen Sie besonders wenige Kreuze setzen konnten.

Nach dieser Auswertung haben Sie nun einen ersten Anhaltspunkt für die Entscheidung, ob Sie tatsächlich studieren wollen. Die fünf Bereiche, denen die Aussagen zugeordnet wurden, sind entscheidend für den Erfolg eines nebenberuflichen Studiums.

Reflektieren Sie Ihre Antworten deshalb gründlich:

- Ihr soziales Umfeld

  Ein Studium neben dem Beruf wird Ihre Arbeitszeit zwar nicht von heute auf morgen verdoppeln, aber dennoch deutlich erhöhen. Wenn Partner, Freunde und Angehörige dafür kein Verständnis haben, sehen Studierende sich schnell in der Situation, sich zwischen akademischem Erfolg und sozialen Kontakten entscheiden zu müssen.

  Seien Sie sich dieser Gefahr bewusst, wenn Sie in diesem Bereich auffallend wenige Kreuze gesetzt haben. Hinterfragen Sie sich, ob ein Studium in Ihrer individuellen Situation wirklich das Risiko wert ist, Freunde zu verlieren. Sprechen Sie mit Ihrem Partner und Umfeld – unter Umständen unterschätzen Sie das Verständnis Ihrer Lieben.

  Andererseits können ein verständnisvoller, liebevoller Partner und vertrauenswürdige Freunde eine wertvolle Ressource sein und Ihnen Rückhalt in schwierigen, anstrengenden Zeiten geben, die Ihnen vermutlich bevorstehen.

- Ihr Zeitmanagement und Ihre Selbstorganisation

  Eine gute Organisation und der überlegte Umgang mit der eigenen Zeit ist heute generell eine grundlegende Voraussetzung für beruflichen Erfolg. Noch mehr gilt dies, wenn Sie neben Ihrer eigentlichen Tätigkeit einem zeitaufwändigen Studium nachgehen. Motivation, Leistungsfähigkeit und Intelligenz alleine werden nicht ausreichen, den Anforderungen in Beruf und Studium gerecht zu werden. Vielmehr muss es Ihnen gelingen, eine Vielzahl an Aufgaben und Verpflichtungen zu koordinieren, Prioritäten zu setzen und hoch produktiv zu arbeiten.

Wenn Sie in diesem Bereich auffallend wenigen Aussagen zustimmen konnten, ist Ihr Zeitmanagement aktuell anscheinend noch verbesserungswürdig. Lesen Sie sich in den ein oder anderen Ratgeber ein, besuchen Sie einen Workshop zu Zeitmanagement und Work-Life-Balance und integrieren Sie die für Sie geeigneten Werkzeuge der Selbstorganisation in den Alltag. Hilfreiche Angebote finden Sie unter www.gk-coaching.de und im ebenfalls in der utb-Reihe erschienenen Ratgeber *Studieren mit Köpfchen*.

- Ihre Einstellung und Motivation

  Einstellung und Motivation sind in jedem Studium die zentralen Faktoren, die über den Erfolg entscheiden. Noch mehr allerdings gilt dies in Ihrer besonderen Situation. Eine positive Einstellung, hohe Motivation und klare Ziele werden Ihnen helfen, Schwierigkeiten zu überwinden, selbst trockenen Lernstoff zu erarbeiten und auch dann am Ball zu bleiben, wenn der Weg steinig und das Ziel in weiter Ferne ist. Denken Sie daran, dass die Aufnahme eines Studiums eine Entscheidung für die nächsten Jahre ist.

  Wenn Sie in diesem Bereich nur einige wenige Kreuze setzen konnten, sollten Sie wirklich gut überlegen, ob für Sie ein Studium neben dem Beruf sinnvoll ist. Anscheinend ist Ihr Antrieb – und dies ist prinzipiell nichts Schlimmes – dazu nicht wirklich groß. Ist es tatsächlich Ihr persönlicher Wunsch ein (weiteres) Studium zu absolvieren? Oder bemühen Sie sich nicht eher, den Wünschen Ihres Vorgesetzten oder Ihres Partners gerecht zu werden?

- Ihr berufliches Umfeld

  Wenn die Entscheidung für ein nebenberufliches Studium gefallen ist, sollten Sie Ihre Situation einen Moment lang analysieren, bevor Sie dies an die große

Glocke hängen. Überlegen Sie genau, ob Sie Ihren Kollegen und Vorgesetzten von Ihrem Projekt mitteilen. Aus der Erfahrung von studierenden Arbeitnehmern lassen sich prinzipiell zwei unterschiedliche Arten von Kollegen und Vorgesetzten unterscheiden:

[1] Personen Ihres beruflichen Umfeldes, die Ihnen wohlgesonnen sind, Ihr Vorhaben befürworten und Sie in Ihrer Absicht bestärken, sind für Sie nur von Vorteil. Diese werden Verständnis haben, wenn Sie einmal das gewohnte Feierabendbier mit den Kollegen ausfallen lassen, die Flasche Champagner, die von einem Kunden überreicht wurde, nicht noch im Office öffnen oder die Anzahl an Überstunden etwas zurückfahren. So kann das berufliche Umfeld für Studierende häufig Rückhalt und Unterstützung sein. Außerdem zeigen Sie Ihrem Vorgesetzten, wenn Sie ihn frühzeitig über Ihr Studium in Kenntnis setzen, Ihren Ehrgeiz und geben ihm die Möglichkeit, sich bereits Gedanken über Aufgaben und Einsatzmöglichkeiten des in Bälde noch höher qualifizierten Mitarbeiters zu machen.

[2] Herrschen jedoch Neid und Missgunst in Ihrem Unternehmen vor und arbeiten Sie einem Vorgesetzten zu, der um seine Position fürchtet und andere eher als Konkurrenten denn als Kollegen ansieht, dann sollten Sie sich eher bedeckt halten. In einem von Konkurrenzdenken und Ellbogenmentalität geprägten Umfeld würde man Ihnen vermutlich Steine in den Weg legen und hämisch auf Ihr Scheitern hoffen. So berichten berufstätige Studierende davon, mit Argusaugen beobachtet zu werden und selbst bei kleinsten Schwächen und Fehlern darauf hingewiesen zu werden, dass Studium und Beruf für sie wohl doch zu viel seien.

- Ihre Lernerfahrungen, Ihre Lerngewohnheiten

  Egal ob nur eine neue Fremdsprache gelernt oder ein ganzes Studium absolviert werden soll – für viele ist es eine große Herausforderung, erneut mit dem Lernen zu beginnen, wenn die eigene Schul- oder Studienzeit schon länger zurückliegt. Dies fällt vor allem dann ins Gewicht, wenn aufgrund eines straff organisierten Tagesablaufs höchste Produktivität und Lernen im Eiltempo gefragt sind.

  Für den Fall, dass Sie sich beim Lernen schon immer schwertaten und in diesem Bereich Ihre Defizite vermuten, sollten Sie bereits vor Studienbeginn tätig werden: Gerade Privathochschulen bieten sehr häufig Vorbereitungskurse und Workshops zu Lerntechniken und Wissensmanagement an. Sollte dies bei der von Ihnen gewählten Bildungseinrichtung nicht der Fall sein, sehen Sie sich auf dem freien Markt um – beispielsweise unter www.gk-coaching.de. Praktische Onlinekurse finden Sie im deutschsprachigen Raum vor allem unter www.gk-coaching.de. Auch geeignete Literatur aus der utb-Reihe (Koch: *Studieren mit Köpfchen* sowie Kreutz et al.: *Stressfrei studieren ohne Burnout*) kann an dieser Stelle sinnvoll sein.

Und jetzt im Detail – Was, Wo und Wie?

Welcher Studiengang ist sinnvoll für mich?

Haben Sie sich erst einmal entschieden, neben Ihrem Job auch noch zu studieren, stellt sich die Frage nach dem richtigen Studiengang. Diese lässt sich nur dann leicht beantworten, wenn Ihre einzige Motivation das persönliche Interesse ist. In diesem Fall wird sich der geeignete Studiengang von allein ergeben – Albanologie, Onomastik oder Mineralogie, studieren Sie, was auch immer Ihr Interesse weckt!

Schwieriger hingegen ist es, wenn berufliches Fortkommen und Karrierechancen Ihr Antrieb sind. In diesem Fall müssen Sie diese Entscheidung noch ernsthafter angehen als regulär Studierende. Bei Schulabgänger ist es nämlich vollkommen normal, dass diese sich weder der eigenen Interessen, Stärken und Schwächen noch der angestrebten beruflichen Zukunft bewusst sind. Als regulärer Studienanfänger haben Sie sozusagen den ein oder anderen Freischuss, können in unterschiedliche Studien- und Berufsfelder hineinschnuppern und in vielen Fällen wird der zunächst begonnene Studiengang nicht der sein, in dem Sie einen Abschluss und akademischen Grad erwerben.

Je nach Betrachtungsweise befinden Sie sich leider oder glücklicherweise in einer gänzlich anderen Situation:

- Sie haben bereits berufliche Erfahrungen gesammelt,
- konnten dabei Ihre Stärken und Schwächen identifizieren,
- wissen, in welche Richtung die berufliche Reise gehen soll
- und haben auf dieser keine Zeit zu verlieren.

Oder, in anderen Worten:

Für einen zwanzigjährigen, frischgebackenen Abiturienten gilt:

Der Weg ist das Ziel – einschließlich aller Umwege!

Für Sie als berufstätigen Studierenden gilt:

Es ist das Ziel, das zählt – Umwege sind hinderlich!

Bei der Suche nach dem für Sie richtigen Studiengang ist es wichtig, dass dieser Sie einerseits mit dem Wissen und den Kompetenzen versorgt, die sie benötigen, und andererseits zu einem Abschluss führt, der von potenziellen Arbeitgebern anerkannt und wertgeschätzt wird. Beantworten Sie sich deshalb bei jedem Studiengang, den Sie in Betracht ziehen, die folgenden Fragen:

Will ich mich durch mein Studium breiter aufstellen und für weitere Tätigkeitsfelder qualifizieren?	☐ ja	☐ nein
Soll mich mein Studium für mein bisheriges Tätigkeitsfeld noch besser qualifizieren?	☐ ja	☐ nein
Sind mir Inhalte und Anforderungen in diesem Studiengang bekannt?	☐ ja	☐ nein
Bringe ich die notwendigen Studienvoraussetzungen mit?	☐ ja	☐ nein
Wecken die vermittelten Inhalte mein Interesse?	☐ ja	☐ nein
Werde ich auch langfristig am Ball bleiben?	☐ ja	☐ nein
Sind für mich Inhalt UND Abschluss relevant?	☐ ja	☐ nein
Werde ich in diesem Studium wichtige Kompetenzen (weiter)entwickeln?	☐ ja	☐ nein
Ist es realistisch, diesen Studiengang erfolgreich zu Ende zu bringen?	☐ ja	☐ nein
Kenne ich den Abschluss, der am Ende dieses Studiengangs steht?	☐ ja	☐ nein
Ist dies ein Abschluss, der in meiner Branche Türen öffnet?	☐ ja	☐ nein
Wird dieser meine Karriere vorantreiben?	☐ ja	☐ nein

Sind Kollegen, die diesen Abschluss vorzuweisen haben, in der Regel erfolgreicher als ich?	□ ja	□ nein
Wird dieser Abschluss in Stellenanzeigen explizit erwähnt?	□ ja	□ nein
Ist dies ein Abschluss, der mir den Einstieg in ein ganz neues, interessantes Berufsfeld ermöglicht?	□ ja	□ nein
Ergänzt dieser Studiengang meine bisherige Qualifikation sinnvoll?	□ ja	□ nein

Gerade in der heutigen Zeit, in der viele Berufstätige nicht durch die klassische Stellenausschreibung, sondern durch einen Headhunter in ihre Position gekommen sind, kann eine Rücksprache mit einem solchen sinnvoll sein. Diese sind besonders nah am Puls der Zeit und kennen Arbeitsmarkt sowie Bedürfnisse und Wünsche von Arbeitgebern genau. Nehmen Sie doch Kontakt zu dem Headhunter auf, der sie auf Xing und ähnlichen Plattformen sowieso regelmäßig mit Stellenvorschlägen bombardiert und fragen Sie ihn, ob der von Ihnen angedachte Studiengang Ihr Bewerberprofil sinnvoll ergänzen würde.

Unter Umständen – dies jedoch können nur Sie allein entscheiden – ist es sinnvoll, Rücksprache mit Ihrem Vorgesetzten zu halten. Vielleicht hat er eine Stelle in Ihrem Unternehmen im Hinterkopf, für die Sie aufgrund des neuen Studiums geradezu prädestiniert sind. Eventuell schenkt er Ihnen das Vertrauen, sich gleichzeitig in diese einzuarbeiten und nebenbei im Studium das theoretische Know-how anzueignen.

Eine gute Idee, um sich Orientierung zu verschaffen ist auch der Studium-Interessentest (SIT), der Ihnen im Internet unter der Adresse www.studium-interessentest.de kostenlos zur Verfügung steht.

Fachhochschule vs. Universität

Auch wenn die Grenzen zwischen Fachhochschule und Universität zunehmend verschwimmen und beide Bildungseinrichtungen enger zusammenrücken, gibt es doch einen zentralen Unterschied: während die Universität sich durch eine stärkere theoretische Ausrichtung und vor allem durch Grundlagenforschung auszeichnet, weist die Fachhochschule einen hohen Praxisbezug aus und ist in der Regel auf angewandte Forschung ausgerichtet. Was jedoch bedeutet dies für Sie als angehenden Studierenden?

Das Gros der Studiengänge wird an Universität und Fachhochschule angeboten – nur einige wenige wie beispielsweise Medizin und Jura können ausschließlich an der Hochschule absolviert werden. Aber auch die ein oder andere Fachhochschule bietet Studiengänge an, die Sie an Universitäten vergeblich suchen werden: beispielsweise Fotografie oder Film. Sollten Ihnen trotz Einschränkung durch Beruf und Wohnort beide Wege offen stehen, hängt die Entscheidung weniger von der Qualität des Studiums als vielmehr von Ihren persönlichen Präferenzen ab. Hinsichtlich der Art des Studiums unterscheiden sich Fachhochschule und Universität nämlich stark.

Lehre und Studium

Das Studium an einer Fachhochschule vermittelt Ihnen berufsbezogenes Wissen und ist besonders anwendungsorientiert. Während des Studiums an einer Fachhochschule werden Sie also stärker praxisorientiert arbeiten. Dies zeigt sich auch in den Leistungsnachweisen, die tendenziell häufiger in Form praktischer Arbeiten abgehalten werden. Davon profitieren Sie insofern, als Sie die neu erworbenen Methoden und Kenntnisse unmittelbar an Ihrem Arbeitsplatz umsetzen können. Sollte Ihr berufsbegleitendes Studium einem Arbeitsplatzwechsel dienen und Sie im Anschluss daran in einem vollkommen neuen Bereich tätig werden, benötigen Sie als Fachhochschulabsolvent in der Regel nur wenig Einarbeitungszeit. Eindeutige, etwas weniger komplexe Aufgaben lösen Sie nach solch Studium selbst als Berufsanfänger.

Als Absolvent einer Universität hingegen haben Sie neben praktischer Kompetenz sehr umfangreiches theoretisches Wissen erworben. Der Schwerpunkt eines universitären Studiums liegt auf Forschung und Wissenschaft und ist etwas weniger berufsbezogen. Als Leistungsnachweis wird häufig die wissenschaftliche Auseinandersetzung mit einem Themenbereich gefordert, zu dem Sie ein Referat sowie eine schriftliche Hausarbeit anfertigen. Dadurch erwerben Sie die Kompetenz, außergewöhnliche, herausfordernde Aufgaben zu lösen, in größeren Zusammenhängen zu denken und weitreichende Strategien für Ihren Arbeitgeber zu entwickeln. In Ihr Aufgabengebiet fällt es, wissenschaftliche Erkenntnisse in Arbeitsabläufe und Unternehmensstrukturen zu integrieren.

Organisation und Struktur

Auch hinsichtlich Organisation und Struktur unterscheidet sich das Studium an einer Fachhochschule deutlich von dem an einer Universität. Es ist deutlich stärker strukturiert, lässt Ihnen wenig Freiraum und wird Sie vermutlich sehr an Ihre Schulzeit erinnern. Festgelegte Stundenpläne nehmen Ihnen Wahlmöglichkeiten, geben aber auch Halt und Orientierung. Der Kontakt zu Mitstudierenden und Dozenten ist dadurch oftmals besonders eng und vielen Studierenden fällt die Eingewöhnung in das Campusleben sehr leicht.

Hingegen an einer Universität ist es gut möglich, dass Sie sich zunächst etwas verloren vorkommen. Viele Studierende benötigen ein oder zwei Semester, bevor sie die Struktur des Studiums erfassen und sich zurecht finden. Auch wenn sich seit der Umstellung auf Bachelor- und Master-Studiengänge viel geändert hat, haben Sie noch immer große Entscheidungsfreiheit und wählen aus unterschiedlichen Seminaren und Vorlesungen die aus, die Ihnen am meisten zusagen. Dies sinnvoll zu nutzen setzt natürlich die Kompetenz voraus, sich selbst zu organisieren.

Einkommen und Arbeitsmarkt

Allgemein kann festgehalten werden, dass das Studium an einer Fachhochschule anders als noch zu früheren Zeiten nicht mehr als Studium zweiter Klasse oder als Studium für intellektuell eher Schwächere gesehen wird. Ob ein Unternehmen bei ihren Bewerbern jedoch eher die praxisorientierte Ausbildung an der Fachhochschule oder die Wissenschaftsorientierung der Uni bevorzugt, ist unterschiedlich. In den meisten Fällen machen sich die Personalabteilungen mittlerweile ein eigenes Bild und beurteilen Bewerber individuell.

Allerdings ist es in Deutschland noch immer so, dass Gehälter stärker als in anderen Ländern nicht nach Aufgaben und Tätigkeitsbereich, sondern nach Abschluss festgelegt werden. Dies ist insofern wichtig, als die Verdienstmöglichkeiten selbstverständlich ein ganz zentrales Kriterium für die Entscheidung für oder gegen ein bestimmtes Studium sind. Dies gilt für nebenberuflich Studierende noch mehr als für junge Menschen in ihrem Erststudium.

Hierbei lässt sich feststellen, dass Universitätsabsolventen langfristig gesehen besser bezahlt werden, als die Abgänger von Fachhochschulen. Das Hochschulen-Informations-System erklärt, nach zehnjähriger Berufstätigkeit verdienten Uni-Absolventen durchschnittlich 64.300 € jährlich, während es ihre Kollegen von den

Fachhochschulen lediglich auf 59.400 € bringen. Bitte bedenken Sie jedoch, dass Gehälter immer auch eine individuelle Sache sind, und machen Sie Ihre Entscheidung für oder wider Universität oder Fachhochschule nicht einzig davon abhängig.

Uni oder FH – Testen Sie sich!

Ausgehend von den bislang beschriebenen Unterschieden wurde das folgende Testverfahren entwickelt, das Ihnen eine Orientierungshilfe sein kann. Stellen Sie Ihre Vorlieben auf die Probe und kreuzen Sie die für Sie passenden Antworten an.

Mein Studium sollte ...

[a] ... mir natürlich helfen, beruflichen Anforderungen gewachsen zu sein, sollte mir aber auch Hintergründe und Zusammenhänge aufzeigen, die nicht alle direkt berufsrelevant sind.

[b] ... sich ausschließlich auf berufsbezogenes Anwendungswissen konzentrieren.

Erfahrungsgemäß bin ich eher ...

[a] ... der Denker, der sich gerne und mit Eifer an die Lösung komplexer Probleme macht.

[b] ... der Praktiker, der anpackt und eher wenig Zeit mit Planung und Theorie verbringen möchte.

Ich persönlich betrachte mich als Person, ...

[a] ... die gerne über den Tellerrand hinaus schaut.

[b] ... der prinzipiell am Nutzwert einer Sache gelegen ist.

Zeitlich ...

[a] ... bin ich sehr flexibel. Es stört mich nicht, ab und an eine Nachtschicht einzulegen oder am Wochenende zu arbeiten, wenn es denn unbedingt sein muss.

[b] ... bin ich eher eingeschränkt. Ich bevorzuge einen klaren Tagesrhythmus, der einen festen Feierabend beinhaltet.

Bücher lese ich ...

[a] ... sehr gerne und auch in meiner Freizeit. Es gelingt mir gut, mich aus Büchern zu informieren und die Inhalte eigenständig zu erschließen.

[b] ... eher selten. Zum Wissenserwerb setze ich mich lieber mit einem Lehrer oder Dozenten auseinander.

Meine Freizeit ...

[a] ... nutze ich bereits heute, um mich mit Sachbüchern und Informationssendungen auseinander zu setzen. Es wird mich auch in Zukunft nicht stören, in meiner Freizeit anspruchsvolle Studieninhalte zu durchdenken.

[b] ... ist mir heilig und sollte nicht mit Arbeit und Lernen eingeschränkt werden. Auch in Zukunft bevorzuge ich eine klare Trennung von Arbeit, Studium und Freizeit.

Einen bestimmten Beruf oder eine klare berufliche Position ...

[a] ... kann ich momentan noch nicht als Ziel ausmachen. Wohin meine berufliche Reise geht, ist mir noch nicht im Detail klar.

[b] ... habe ich ganz klar im Auge – das ist schließlich der Grund für mein nebenberufliches Studium! Ich kenne meinen zukünftigen Beruf/meine Position ganz genau und möchte mich gezielt dafür qualifizieren.

Meine Frustrationstoleranz ...

[a] ... ist hoch. Stress und negative Erfahrungen können mich nicht aus der Bahn werfen, sondern spornen mich an.

[b] ... sehe ich eher als gering an. Ich arbeite ungern unter Druck und trage Versagenserfahrungen lange mit mir herum.

Karriere und ein hohes Einkommen ...

[a] ... sind mir sehr wichtig. Wofür sonst würde ich den Aufwand betreiben, neben meinem Job auch noch zu studieren?

[b] ... sind schön und gut, aber nicht alles. Es gibt Wichtigeres in meinem Leben.

Die Wissens- und Informationsgesellschaft des 21. Jahrhunderts ...

[a] ... finde ich spannend. Die Herausforderung, stetig Neues zu lernen und sich weiterzuentwickeln, ist großartig.

[b] ... sehe ich kritisch. Weiterbildung ist schön und gut, Aber irgendwann muss man auch einmal angekommen sein.

Selbstorganisation und selbstbestimmtes Arbeiten ...

[a] ... betrachte ich als meine Stärke. Vorgaben von Vorgesetzten oder Lehrern/Dozenten benötige ich nicht, um Leistung zu bringen.

[b] ... sind nicht meine Stärke. Es tut mir gut, wenn ein Außenstehender klare Vorgaben macht und mir Rückmeldung über meine Fortschritte gibt.

Bei meinem Studium ist mir wichtig ...

[a] ... dass ich eine umfassende akademische Ausbildung mit Tiefgang bekomme, mit der ich möglichst breit aufgestellt bin.

[b] ...vom Gelernten möglichst unmittelbar zu profitieren und dieses schnell in der beruflichen Praxis umsetzen zu können.

Wenn Sie nun diesen kurzen Test durchgeführt und die auf Sie zutreffenden Aussagen angekreuzt haben, zählen Sie die [a] und [b] zusammen.

- [a] steht hierbei für das Studium an einer Universität.
- [b] für das Studium an einer Fachhochschule.

Bei diesen zwölf Aussagen wird sich zumeist kein einheitliches Bild ergeben haben und wahrscheinlich haben Sie Kreuze sowohl bei [a] als auch bei [b] gemacht.

Dennoch zeigt dieser Test in der Regel bereits eine Tendenz auf – nutzen Sie ihn zu Ihrer Orientierung!

Staatliche Hochschule vs. Private Hochschule

Neben der Entscheidung zwischen Fachhochschule und Universität gilt es für regulär Studierende vor Aufnahme des Studiums eine weitere Wahl zu treffen: Soll das Studium an einer staatlichen oder an einer privaten Bildungseinrichtung absolviert werden?

Diese Frage scheinen immer mehr angehende Studierende mit „an einer privaten Hochschule" zu beantworten, da die Studierendenzahlen derartiger Bildungseinrichtungen kontinuierlich steigen – stärker noch als die Zahlen staatlicher Universitäten. Dennoch ist noch immer nicht einmal jeder zehnte Studierende an einer privaten Hochschule eingeschrieben.

In Ihrem Fall jedoch wird die Entscheidung für die ein oder andere Form der Hochschule unter Umständen entfallen, da Sie durch Wohn- und Arbeitsort gebunden sind und mit dem Vorlieb nehmen müssen, das Ihre Stadt zu bieten hat. Sollte Ihnen sowohl der Weg an private als auch an staatliche Uni offen stehen, will eine Entscheidung wohl überlegt sein.

Wenn Sie auf den ersten Blick zum Studium an einer privaten Hochschule tendieren und dieses als qualitativ hochwertiger ansehen, sind Sie mit Ihrer Meinung nicht allein. In der öffentlichen Einschätzung schneiden private Hochschulen zumeist besser ab als ihre staatlichen Konkurrenten, die als altbacken und unbeweglich charakterisiert werden. Dieses Außenbild haben sie jedoch als marktwirtschaftlich orientierte Unternehmen anscheinend zum Großteil Öffentlichkeitsarbeit und Marketingkampagnen zu verdanken. Auch wenn zu dieser Thematik nur wenige Untersuchungen existieren, zeigte sich beispielsweise der Stifterverband für die deutsche Wissenschaft nur von dem Angebot einiger weniger privater Hochschulen überzeugt.

Staatliche Hochschulen bieten in der Regel den Vorteil, ein wesentlich breiteres Fächerspektrum, vielfältige Vertiefungsmöglichkeiten und internationale Kooperationsmöglichkeiten bieten zu können.

Anspruch und Anforderungen

Studierende an privaten Hochschulen sehen sich oftmals dem Vorurteil ausgesetzt, einzige Studienvoraussetzung sei ihr „dicker Geldbeutel". Dabei wird gerne übersehen, dass die Zulassungsverfahren privater Hochschulen sehr stark variieren. Eignungstests, Assessement-Center und Auswahlgespräche sind übliche Werkzeuge, geeignete Bewerber auszusuchen.

Dies bedeutet natürlich, dass Ihre Abiturnote alleine nicht ausreichen wird, um einen Studienplatz zu bekommen. Vielmehr sind Ihre Sozialkompetenz und Ihre Fähigkeit, sich selbst „zu verkaufen" gefragt.

Kosten

Nach einem kurzen Intermezzo sind Studiengebühren an staatlichen Hochschulen heute kein Thema mehr. Einzige anfallende Kosten sind somit die Semestergebühren, die weniger als 300 € betragen und in vielen Städten sogar die Nutzung der öffentlichen Verkehrsmittel beinhalten.

An privaten Hochschulen hingegen kommen Sie um Studiengebühren normalerweise nicht herum. Auch wenn steigende Studierendenzahlen zeigen, dass die Zeiten vorbei sind, zu denen hier nur eine kleine, wohlhabende Elite studieren konnte, ist die Kostenfrage selbstverständlich nicht irrelevant. Leider lässt sie sich nicht eindeutig beantworten, da die Kosten von Hochschule zu Hochschule stark variieren. So finden sich neben vergleichsweise günstigen Hochschulen, an denen Sie bereits für wenige 100 € monatlich ein Bachelor-Studium absolvieren können, auch vermeintliche Elitehochschulen, an denen Sie ein Studium jährlich fünfstellige Beträge kostet. Durchschnittlich müssen Sie mit etwas mehr als 500 € monatlich rechnen, wobei die Entscheidung für eine private Fachhochschule Ihnen nochmals Geld sparen kann.

Um trotz oftmals hoher Gebühren möglichst viele Studierende anzusprechen, bieten private Hochschulen mittlerweile neben Vollstipendien unterschiedliche Finanzierungsmöglichkeiten an. So können Sie sich für das Modell entscheiden, das am besten zu Ihnen und Ihrer Lebenssituation passt. Auch nachlaufende Studiengebühren, die erst nach Abschluss des Studiums erhoben werden, sind meist möglich. Diese werden erst dann fällig, wenn sich Ihr Einkommen aufgrund des neuen Bildungsabschlusses – hoffentlich – erhöht hat.

Arbeitsmarkt, Gehaltsaussichten und Karrierechancen

Obgleich oftmals anderweitige Gerüchte kursieren, garantiert auch das Studium an einer privaten Hochschule weder Job noch überdurchschnittliches Einkommen. Bewerben, Verhandeln und Arbeiten müssen Absolventen in Eigenregie – alles, was Hochschulen tun können, ist ein solides Fundament zu liefern. Dies schaffen sowohl private als auch staatliche Einrichtungen.

Prinzipiell schlagen sich Akademiker, egal ob von staatlichen oder privaten Bildungseinrichtungen stammend, auf dem Arbeitsmarkt sehr gut. Massenarbeitslosigkeit gibt es weder in der einen noch in der anderen Gruppe.

Dennoch lässt sich feststellen, dass private Universitäten häufig enger mit der Wirtschaft verbunden sind. Gastvorträge und ein enger Austausch mit Unternehmen werten die Lehre auf, Alumni-Veranstaltungen bieten die Möglichkeit, wichtige Kontakte zu knüpfen, und oftmals steht ein umfangreicher Pool potenzieller Praktikumsstellen zur Verfügung. Gerade letztgenannte Aspekte können wahre Türöffner bei der Suche nach einem Job sein. Allerdings ziehen auch staatliche Universitäten in diesen Bereichen zunehmend nach.

Da zu Gehaltsaussichten und Karrierechancen nur wenige Studien existieren, die private und staatliche Hochschulen miteinander vergleichen, soll im Folgenden die Studie des Centrums für Hochschulentwicklung kurz zur Darstellung kommen. Diese befragte ehemalige Absolventen sechs privater Universitäten (ebs, ESCP-EAP, HHL, CEMS, UWH, WHU) zu Karriere und Einkommen:

Absolventen von privaten Hochschulen scheinen bei Arbeitgebern hoch im Kurs zu stehen und schaffen nach Studienende zumeist direkt den Einstieg ins Berufsleben. Dies ist eine Erkenntnis, die Sie trotz Ihrer Berufstätigkeit nicht ignorieren sollten. Unter Umständen geht mit Ihrem Studium der Wunsch einher, zukünftig für einen anderen Arbeitgeber tätig zu sein. Auch für etwaige Gehaltsverhandlungen scheint es sinnvoll, sich zu informieren, wie gefragt Sie am Markt sind. Ebenso positiv gestaltet sich die Einkommenssituation. Über ein Drittel der Absolventen erzielt innerhalb der ersten zehn Berufsjahren ein sechsstelliges Einkommen.

Organisation, Betreuung und Ausstattung

Das am häufigsten für das Studium an einer privaten Hochschule ins Feld geführte Argument sind deren finanzielle Kapazitäten, mit denen eine vermeintlich bessere Organisation, individuellere Betreuung und eine reichhaltigere, höherwertige Ausstattung einhergehen sollen. Dies alles ist in der Regel zutreffend, da private Bildungseinrichtungen einerseits aufgrund von Studiengebühren aus dem

Vollen schöpfen können und sich andererseits als marktwirtschaftlich ausgerichtete Unternehmen stärker um ihre Kundschaft, die Studierenden, bemühen müssen.

Lange Zeit sorgte die bessere Organisation an privaten Hochschulen für deutlich kürzere Studienzeit, doch spätestens seit der Bologna-Reform und der Umstellung auf Bachelor und Master sind auch staatliche Universitäten auf straffe und effiziente Lehre ausgerichtet. Außerdem liegt privaten Hochschulen der Erfolg Ihrer Kunden sehr am Herzen, da Studienabbrüche für sie auch immer einen Einnahmeausfall bedeuten. Von daher wird man Ihnen hier bei der Organisation Ihres Studienalltags umfassende Betreuung zukommen lassen. So gleicht der Eingangsbereich vieler privater Hochschulen dem eines hochpreisigen Hotels: An einer Art Rezeption beziehungsweise Infotheke stehen adrette Damen und Herren bereit, Ihnen den Weg zu weisen, Sie über Ausfälle und Terminverschiebungen zu informieren und Ihnen noch schnell das Skript für die nächste Vorlesung auszudrucken. All dies klingt nach überflüssigem Luxus, kann das Studieren aber gerade dann deutlich erleichtern, wenn es wie in Ihrem Fall eben „nur" ein Nebenjob ist. Anders als an staatlichen Hochschulen brechen hier nicht einmal 10 Prozent das Studium ab.

Während Sie sich an staatlichen Hochschulen gelegentlich mit mehreren 100 anderen Studierenden in einen Hörsaal quetschen müssen, wissen private Bildungseinrichtungen solche Zustände zu vermeiden. Hier verschwinden Sie nicht in der Anonymität der Masse, sondern finden in der Regel ein zahlenmäßig günstigeres Verhältnis von Lernenden zu Lehrenden vor und studieren in der Regel in kleineren Gruppen. Damit einher geht ein engeres Verhältnis zu den Professoren und Dozenten sowie die Möglichkeit, auf individuelle Fragestellungen einzugehen. Ob dies eine Förderung oder eher eine überflüssige Verschulung des Studiums darstellt, liegt im Auge des Betrachters.

Auch für die oftmals antiquierte Ausstattung staatlicher Universitäten hat die private Konkurrenz eher ein Lachen übrig. Wo an staatlichen Universitäten Dozenten nicht selten mit eigenen Folienstiften an antiken Overheadprojektoren hantieren und auf kreideverschmierte Wandtafeln schreiben, wird die Lehre an privaten Bildungseinrichtungen meist durch Videoprojektoren, Smartboards und andere Hightechausrüstung unterstützt. Aber nicht nur in den Hörsälen selbst, sondern auch in Bibliotheken, Computerräumen und Laboren lassen sich drastische Unterschiede feststellen: So sind diese häufig rund um die Uhr geöffnet und mit modernsten Rechnern ausgestattet.

Abschließendes

Wenn Sie sich mit dem Gedanken tragen, neben Ihrem Job ein Studium zu absolvieren, gilt es vielfältige Faktoren zu berücksichtigen und wichtige Entscheidungen zu treffen. Anders als bei anderen Entscheidungen kann für die Wahl zwischen privater und staatlicher Hochschule an dieser Stelle kein Fragebogen angeboten werden. Zu unterschiedlich sind die privaten Hochschulen, zu schwierig ein wirklich aussagekräftiger Vergleich.

Bitte nehmen Sie sich dennoch die Zeit, alle zur Verfügung stehenden Möglichkeiten in Betracht zu ziehen und überlegen Sie genau, welche in Ihrer individuellen Situation am besten geeignet ist. Ein abschließender Hinweis:

> Achten Sie unter allen Umständen darauf, dass die Hochschule, an der Sie studieren, nicht allein staatlich anerkannt, sondern darüber hinaus akkreditiert ist. Dies ist für Sie die wohl beste und schnellste Möglichkeit, sicherzustellen, dass das Studium ein Mindestmaß an Qualität aufweist.

Sonderfall I – Studieren aus der Ferne

Fernstudium – Was ist das überhaupt?

Ein Fernstudium zeichnet sich dadurch aus, dass die Studierenden den Lernstoff ortsunabhängig und zeitlich flexibel eigenständig erarbeiten. Dazu erhalten Sie didaktisch aufbereitete Materialien mit der Post oder in digitaler Form, eignen sich den Lernstoff in erster Linie eigenständig an und lösen Einsendeaufgaben. In der Regel wird das Lernen bei einem Fernstudium von unterschiedlichen Medien unterstützt:

- Printmaterialien, gedruckte Studienbriefe und Lehrvideos
- Online-Vorlesungen, die Sie wieder und wieder abrufen können
- Online-Kurse und -tutorien, die Ihre Aktivität erfordern
- Hausaufgaben und Zwischentests, die Ihren Lernfortschritt dokumentieren

Darüber hinaus bieten die meisten Fernhochschulen die Möglichkeit, Kontakt zu Studienbetreuern aufzunehmen, und ergänzen die Fernlernphasen durch Präsenzphasen.

Zwei Dinge, die nicht durcheinander gebracht werden dürfen, sind Fernstudium und Fernunterricht. Während Ersteres ein akademisches Hochschulstudium darstellt, das einhergeht mit dem Erwerb eines akademischen Grades, handelt es sich bei Zweitem um eine Weiterbildung, mit der Sie eine bestimmte Einzelqualifikation erwerben. Beispielsweise erlernen Sie im Fernunterricht den Umgang mit einem bestimmten Computerprogramm oder eine Fremdsprache.

An wen richtet sich ein Fernstudium?

Das Modell des Fernstudiums erfreut sich zunehmender Beliebtheit, wobei sich vor allem berufstätige Studierende für diese Form der Weiterbildung entscheiden. Von daher ist es nur allzu verständlich, dass die meisten an Fernhochschulen eingeschriebenen Studierenden sich für ein Studium in Teilzeit entscheiden. Ein Vollzeitstudium aus der Ferne, das nicht weniger arbeitsintensiv und zeitaufwändig ist als das an einer „klassischen" Präsenzhochschule, lässt sich im Normalfall nicht einfach nebenbei erledigen.

Fernstudienanbieter haben dies erkannt und bieten deshalb vor allem sehr flexible Teilzeitmodelle an: So können Sie Ihr Studium so gestalten, dass Sie in weniger arbeitsintensiven Phasen sehr viele Kurse und Prüfungen ablegen und dafür etwas kürzer treten, sobald Ihre Berufstätigkeit größeres zeitliches Engagement erfordert. Da bei einem Fernstudium stets auch Studiengebühren anfallen, hat es einen weiteren Vorteil, dies in Teilzeit zu absolvieren. Die monatlich zu zahlenden Kosten sind geringer, da Sie pro Semester weniger Kurse und Module belegen. Informieren Sie sich jedoch genau, denn an vielen Hochschulen ist die längere Variante insgesamt deutlich teurer als die kürzere.

Welche Vorteile und Nachteile gilt es zu beachten?

Generell ist die enorme Flexibilität der zentrale Pluspunkt an Fernhochschulen. Gerade als Berufstätiger werden Sie die Freiheit zu schätzen wissen, Vorlesungen und Seminare eben nicht zu festgelegten Zeiten besuchen zu müssen. Je nach aktuellem Arbeitspensum, Tagesrhythmus und Wochenplanung entscheiden einzig und allein Sie, wann Sie lernen. Egal ob tagsüber, nachts oder am Wochenende stehen Ihnen Studienbriefe und Onlinekurse zur Verfügung.

Über die Studiengestaltung hinaus bleibt auch der Zeitpunkt Ihres Einstiegs Ihnen überlassen. Anders als an herkömmlichen Hochschulen müssen Sie nicht auf den Semesterbeginn warten, um Ihr Studium zu beginnen, sondern können jederzeit loslegen.

Nicht verschwiegen werden darf, dass gerade dem großen Vorteil eines Fernstudiums, der enormen Flexibilität, ein großer Nachteil innewohnt: Flexibilität und Freiheit stellen hohe Ansprüche an Ihr Durchhaltevermögen, Ihre Selbstorganisation und Ihre Motivation – keine Anwesenheitspflicht und kein Professor nimmt Ihnen die Verantwortung für das Lernen ab. Nicht umsonst brechen Studierende an Fernhochschulen ihr Studium signifikant häufiger ab als solche an Präsenzhochschulen. Die meisten derartigen Bildungseinrichtungen haben dieses Problem nicht nur erkannt, sondern reagieren bereits darauf, indem sie Internetforen und Chatrooms zur Verfügung stellen und ihre Studierende bei der Bildung regionaler Lerngruppen unterstützen. Von einer solchen profitieren Sie nicht nur, weil es sich gemeinsam effizienter lernen lässt, sondern auch weil derartige Gruppen einen sozialen Rückhalt und Unterstützung in schwierigen Zeiten bieten.

Die fehlende Sozialkomponente stellt auch im Studium selbst einen Nachteil dar. So lassen sich durch Studienbriefe, Literaturstudium und Onlinekurse zwar harte Fakten lernen, doch nicht die zwischenmenschliche Interaktion. Vorträge und Präsentationen vor Mitstudierenden, aber auch die Teilnahme an Diskussionsrunden in Seminarveranstaltungen und den direkten Austausch mit Lehrenden hingegen finden Sie nur in Präsenzhochschulen. Auf die dadurch initiierte Weiterentwicklung Ihrer Selbst- und Sozialkompetenz verzichten Sie bei einem Fernstudium.

Wie teuer kommt mich ein Fernstudium?

Selbstverständlich ist der Kostenfaktor für Studierende relevant. Dennoch können an dieser Stelle keine genauen Angaben gemacht werden, da die Studiengebühren von Bildungsanbieter zu Bildungsanbieter stark variieren.

Prinzipiell lässt sich allerdings sagen, dass private Fernhochschulen Ihnen deutlich tiefer in die Tasche greifen werden als die Fernuniversität Hagen.

Nehmen Sie sich hier wirklich ausreichend Zeit, um die Preise genau zu vergleichen. Dies ist nicht immer einfach, da zusätzlich zu Monats- oder Semestergebühren teilweise Kosten für Prüfungen, Unterrichtsmaterialien, Betreuung oder sogar einzelne Kurse anfallen. Außerdem müssen die Kosten für eventuell notwendige Präsenzphasen kalkuliert werden – eventuell bietet die ein oder andere Fernhochschule ja Präsenzveranstaltungen in Ihrer Nähe an.

Ist ein Fernstudium das Richtige – Testen Sie sich!

Der folgende Fragebogen kann Ihnen eine Orientierungshilfe sein und Aufschluss geben, inwiefern das Studium an einer Fernhochschule für Sie eine sinnvolle Wahl ist. Kreuzen Sie hierzu im Multiple-Choice-Verfahren einfach die zutreffenden Aussagen an.

(1) Dieses Studium ist für mich ...

[a] ... sehr wichtig – um ein spezifisches Ziel zu erreichen muss ich genau dieses Studium zum jetzigen Zeitpunkt absolvieren.

[a] ... mäßig wichtig – ich könnte es auch später absolvieren oder mich für ein anderes Studium entscheiden.

[b] ... eher unwichtig – ob ich es absolviere oder nicht, macht eigentlich keinen großen Unterschied.

(2) Die Diskussion mit anderen Studierenden (oder Schülern) in Seminaren (oder im Klassenzimmer) ...

[a] ... war für meinen Lernfortschritt stets sehr wichtig.

[b] ... bringt mir erfahrungsgemäß nicht viel.

[c] ... hilft mir manchmal beim Lernen.

(3) Wenn ich Handouts und Skripten von einem Dozenten erhalte ...

[a] ... arbeite ich diese am liebsten eigenständig durch.

[b] ... lese ich diese alleine durch und frage bei Problemen nach.

[c] ... brauche ich meistens jemanden, der diese gemeinsam mit mir bespricht.

(4) Ich benötige im Lernprozess ...

[a] ... relativ zügige Rückmeldung, da ich sonst nicht mehr weiß, worauf diese sich genau bezieht.

[b] ... gelegentliche Rückmeldung, um zu wissen, dass ich auf dem richtigen Weg bin.

[c] ... schnelle und häufige Rückmeldung, da ich sonst frustriert bin.

(5) Regelmäßig Seminare und Vorlesungen zu besuchen ...

[a] ... ist für mich kaum möglich, da ich zu viele andere, wichtige Verpflichtungen habe.

[b] ... ist kein Problem.

[c] ... relativ schwierig, lässt sich aber schon irgendwie machen.

(6) Meine Lesekompetenz ...

[a] ... ist durchschnittlich – gelegentlich benötige ich Hilfe, um anspruchsvolle Texte zu verstehen.

[b] ... ist gut – ich verstehe, was ich lese, und kann die Inhalte mit meinem Vorwissen verknüpfen.

[a] ... ist niedrig – ich lese langsam und weiß anschließend oft nicht, was im Text stand.

(7) Bei Problemen ...

[a] ... gebe ich mein Bestes, bemühe mich oder bitte um Hilfe.

[b] ... laufe ich zu Hochform auf, recherchiere, analysiere, finde Lösungen und überwinde die Schwierigkeiten.

[c] ... bitte ich schnell um Hilfe und setze darauf, dass andere die Schwierigkeiten lösen.

(8) Um an Unterrichtsmaterialien zu lernen ...

[a] ... finde ich vermutlich einmal die Woche Zeit.

[a] ... kann ich mir fast täglich ein oder zwei Stunden Zeit nehmen.

[b] ... kann ich mir mehrmals die Woche Zeit nehmen.

(9) Der Umgang mit Computer, Internet, E-Mails und Microsoft Office ...

[a] ... ist mir nicht unbekannt.

[b] ... ist mir sehr vertraut.

[c] ... ist für mich Neuland.

(10) Bei aufwändigen Aufgaben, die über einen längeren Zeitraum zu erledigen sind ...

[a] ... habe ich Probleme, Teilaufgaben sinnvoll zu verteilen und muss am Ende meist noch besonders viel erledigen.

[b] ... teile ich mir meine Zeit sinnvoll ein und halte Fristen zuverlässig ein.

[c] ... schiebe ich Arbeiten vor mir her und verpasse häufig Abgabefristen.

(11) Ich bin ein Lerner ...

[a] ... der sich häufig von anderen mitziehen lässt.

[b] ... der eigenständig arbeitet und weiß, sich selbst zu motivieren.

[c] ... der die Zusammenarbeit mit anderen bevorzugt.

(12) Ich bin es in meinem Job gewohnt ...

[a] ... kleinschrittige Anweisungen auszuführen und regelmäßig Rechenschaft über mein Tun abzulegen.

[b] ... mir meine Zeit selbst einzuteilen, auch komplexe Aufgaben eigenständig zu erledigen und Verantwortung zu tragen.

[c] ... in einem Team mit vielen, mir gleichgestellten Kolleginnen und Kollegen oder mit Vorgesetzten zu arbeiten.

(13) Neues und Unvertrautes ...

[a] ... interessiert und motiviert mich, stellt eine positive Herausforderung für mich dar.

[b] ... ist etwas, mit dem ich umzugehen weiß.

[c] ... macht mir Angst.

(14) Ein Fernstudium ...

[a] ... ist für mich eine sinnvolle Alternative zum Präsenzstudium.

[b] ... gibt mir die nötige Freiheit, mein Lernen so in den Alltag zu integrieren, wie ich es für sinnvoll halte.

[c] ... ist in meiner aktuellen Situation leider die einzige Möglichkeit.

(15) Ich kommuniziere beruflich oder privat ...

[a] ... nur selten über das Internet und nutze meinen E-Mail-Account nur sporadisch.

[b] ... *sehr viel über E-Mail, Chatforen, Soziale Netzwerke und Videokonferenzen.*

[c] ... *regelmäßig über das Internet.*

Schreiten Sie zur Auswertung. In der folgenden Tabelle sind die Punktwerte zusammengefasst, die Sie für jede Ihrer Antworten erhalten. Addieren Sie diese!

	1	2	3	4	5	6	7	8	9	10	11	12	13	14	15
[a]	2	0	2	1	2	1	1	0	1	1	0	1	2	0	0
[b]	1	2	1	2	0	2	2	2	2	2	2	2	1	1	2
[c]	0	1	0	0	1	0	0	1	0	0	1	0	0	2	1

Tab. 1: Auswertung Test „Fernstudium"

Wenn Sie alles richtig machen, können Sie auf ein Maximum von 30 Punkten kommen. Dies bedeutet:

21 bis 30 Punkte

Ein Fernstudium ist für Sie nicht nur eine machbare Alternative zum Präsenzstudium, sondern definitiv die Studienform, die Sie wählen sollten.

11 bis 20 Punkte

Gibt es eine Alternative zum Fernstudium? Falls ja, sollten Sie diese in Erwägung ziehen. Sicherlich werden Sie auch mit einem Fernstudium zurecht kommen, doch wird es Ihnen einiges abverlangen. Mit einem Präsenzstudium fahren Sie vermutlich besser.

weniger als 11 Punkte

Ein Fernstudium scheint nicht wirklich ideal für Sie. Recherchieren Sie doch einfach noch einmal – vielleicht gibt es tatsächlich eine Alternative. Mit dieser würden Sie sich vermutlich einen großen Gefallen tun.

Abschließende Ratschläge für ein Fernstudium

Wenn Sie sich nach Abwägen der Vor- und Nachteile und einer Selbstanalyse bewusst für ein Fernstudium entscheiden, berücksichtigen Sie bitte die folgenden Tipps:

- Lassen Sie sich vorab von verschiedenen Anbietern Probelektionen und Unterrichtsmaterialien zusenden. Versuchen Sie einerseits die Qualität der Unterlagen zu beurteilen und überlegen Sie andererseits, ob diese für Ihren persönlichen Lernstil geeignet sind.
- Informieren Sie sich, wie schnell und auf welchem Kommunikationsweg Ansprechpartner zur Verfügung stehen, wenn Sie auf organisatorische oder inhaltliche Probleme stoßen. Einen Einblick in derartige Sachverhalte bekommen Sie auch, wenn Sie etwas in den Internetforen oder Chatrooms stöbern, die die meisten Fernhochschulen ihren Studierenden zur Verfügung stellen.
- Diese bieten sich generell an, um einen Einblick in Zufriedenheit der Studierenden und die generelle Stimmung zu bekommen.
- Entscheiden Sie sich auf alle Fälle für ein Bildungsinstitut, das staatlich anerkannt ist. Wenn Sie sich für ein Bachelor- oder Masterstudium entscheiden, muss es durch ein anerkanntes Akkreditierungsinstitut akkreditiert sein.

Sonderfall II – Duales Studium

Neben dem Fernstudium gibt es eine zweite Form des Studierens, die an dieser Stelle als Sonderfall aufgeführt werden soll: das duale Studium!

Duale Studiengänge erscheinen erstmals in den 1970er Jahren auf der Bildfläche, erfreuen sich aber gerade aktuell großer Beliebtheit bei Arbeitgebern und angehenden Studierenden. Ursprüngliches Ziel dieser an der klassischen Dualen Ausbildung orientierten Studienform ist gewesen, die berufliche Ausbildung in den Betrieben und die theoretischen Inhalte an den Hochschulen stärker zu verzahnen. Studierende sollten von Anfang an die Praxis in den Betrieben hautnah miterleben, um somit universitäres Wissen zeitnah in die Praxis umsetzen zu können und den so genannten Praxisschock, der manch Studierenden bei Berufseintritt ereilt, zu vermeiden.

Ein weiterer Grund für die Einführung des Dualen Studiums waren Befürchtungen der Wirtschaftsverbände, dass die Tendenz zu höheren Schulabschlüssen und die Öffnung der Hochschulen die traditionelle duale Berufsausbildung ausbluten lassen könnten. Das Konzept des Dualen Studiums schien geeignet, auch motivierte, kompetente Schulabgänger für eine Berufsausbildung zu gewinnen.

Prinzipiell existieren drei unterschiedliche Formen des dualen Studiums:

[1] Ein ausbildungsintegrierendes Duales Studium verbindet Studium und Berufsausbildung in einem anerkannten Ausbildungsberuf. Dies bedeutet, zusätzlich zu einem Hochschulabschluss erwerben Sie dabei den Abschluss in einem Ausbildungsberuf.

[2] Nach einer abgeschlossenen Berufsausbildung, unter Umständen sogar mit mehrjähriger Berufserfahrung, bietet sich ein berufsintegrierendes Duales Studium an. Dieses dient der beruflichen Weiterbildung und verknüpft auf

ideale Weise berufliche Tätigkeit und wissenschaftliche Studieninhalte. Anders als beim ausbildungsintegrierenden Studium sind hier weder allgemeine Hochschulreife noch Fachhochschulreife notwendig. Inwiefern Ihr Arbeitgeber Sie für ein derartiges Studium freistellt, wird in der Regel in einem Vertrag zwischen Hochschule, Unternehmen und Ihnen geregelt.

[3] Ein praxisintegrierendes Duales Studium ergänzt ein herkömmliches Studium mit umfangreichen Praxisphasen in einem Unternehmen. Dies bedeutet, dass Sie die theoretischen Inhalte des Studiums zeitnah in die unternehmerische Praxis umsetzen können. Allerdings erwerben Sie hierbei ausschließlich einen Hochschulabschluss, nicht zusätzlich den Abschluss in einem anerkannten Ausbildungsberuf. Inwiefern Sie diesen Nachteil gegenüber dem ausbildungsintegrierenden Studium in Kauf nehmen möchten, bleibt Ihnen überlassen.

Aktuell erfreuen sich die unterschiedlichen Formen des Dualen Studiums großer Beliebtheit. Immer mehr Studierende entscheiden sich dafür, universitäre Theorie und berufsbezogene Praxis auf diese Weise zu kombinieren. Aufgrund der gestiegenen Nachfrage hat sich die Anzahl der angebotenen Studiengänge in den letzten zehn Jahren mehr als verdoppelt.

Vorbei sind auch die Zeiten, zu denen dual Studierenden das Etikett anhaftete, nicht gut genug für ein traditionelles Studium zu sein. Vielmehr werden Unternehmen und Schulabgängern die Vorteile eines Dualen Studiums immer stärker bewusst:

- finanzielle Vorteile durch die Ausbildungsvergütung seitens des Arbeitgebers während des Studiums
- große Praxisnähe und daraus resultierend erleichterter Einstieg in die Arbeitswelt

- meist kürzere Studiendauer im Vergleich zu aufeinander folgender Berufsausbildung und Studium
- gute Berufsaussichten, da während des Studiums bereits gute Kontakte zur Arbeitswelt geknüpft werden
- Erwerb beider Abschlüsse und damit gute Chancen auf dem Arbeitsmarkt

Welche Studienformen werden eigentlich angeboten?

Ein Studium neben dem Beruf stellt Ihr Zeitmanagement und Ihre Fähigkeit zur Selbstorganisation vor eine große Herausforderung. Geschäftstermine, Dienstreisen, berufliche Deadlines und Projekte halten Sie auf Trab und füllen Ihren Terminkalender auch ohne zusätzliche Belastung durch ein Studium.

Glücklicherweise haben (vor allem private) Hochschulen als kundenorientierte, marktwirtschaftliche Unternehmen diese Situation erkannt und darauf reagiert. Sie bieten in der Regel unterschiedliche Studien(zeit)modelle an. Höchstwahrscheinlich ist hier ein Modell dabei, das sich auch mit Ihrer beruflichen Belastung verbinden lässt – mit etwas Glück sogar eines, das wie maßgeschneidert auf Ihre Situation zu passen scheint.

„Reguläres" Studium

Diese erste Form des regulären Studiums wird an dieser Stelle nur der Vollständigkeit halber aufgezeigt – sie wird für Sie vermutlich keine ernstzunehmende Option darstellen. Selbstverständlich können Sie versuchen, sich als regulär Studierender an der Hochschule Ihrer Wahl einzuschreiben und Vorlesungen und Seminare zu besuchen.

Erfahrungsgemäß wird diese Vorgehensweise jedoch eher zu Frustration und Studienabbruch als zu Erfolg und akademischem Grad führen. Als in Vollzeit Berufstätiger wird Ihnen im Normalfall die zeitliche Flexibilität fehlen, um Ihre Arbeitszeit „um die Lehrveranstaltungen herum" zu platzieren. Sehr häufig werden Sie in die Situation kommen, Vorlesungen oder Seminare nicht besuchen zu können, da diese genau in Ihre Arbeitszeit fallen.

Selbst wenn Sie genau abwägen und Ihr Job mit einem regulären Studium prinzipiell vereinbar scheint, sollten Sie aus zwei Gründen mehr als vorsichtig sein:

- Auch wenn das Gros der Lehrveranstaltungen unter Umständen am späten Nachmittag oder am frühen Abend besucht werden kann und von daher nicht mit Ihrem Job kollidiert, kann sich dies im Verlauf des Studiums ändern. Nichts ist ärgerlicher, als kurz vor Ende des Studiums noch ein letztes Seminar belegen zu müssen, das jedoch leider ausschließlich zu einem für Sie unmöglichen Zeitpunkt angeboten wird.
- Von Studiengang zu Studiengang und von Hochschule zu Hochschule ist dies unterschiedlich, aber häufig stehen bereits am Ende jedes Semesters Prüfungen an. Da diese häufig in der vorlesungsfreien Zeit liegen, lässt sich der genaue Zeitpunkt vorab nicht abschätzen. Im Einzelfall werden Sie sicherlich gerne einen Urlaubstag opfern, um an einer Prüfung teilzunehmen, wenn dies allerdings wieder und wieder vorkommt, kann es Ihre Motivation stark beeinträchtigen und Ihrem Studienerfolg schaden.

Besser als diese Form des regulären Studiums scheinen für Sie die folgenden Zeitmodelle. Diese werden in erster Linie in Anlehnung an die Konzepte der *FOM Hochschule für Ökonomie und Management* dargestellt, da diese mit 26.000 Studierenden die größte private Hochschule Deutschlands ist.

Abendstudium

Eine der beiden klassischen Varianten des nebenberuflichen Studiums ist das Abendstudium. Dieses ist insofern für Berufstätige geeignet, als sie die Lehrveranstaltungen und Prüfungen im Anschluss an den Arbeitstag besuchen können. An der größten privaten Hochschule Deutschlands, der *FOM Hochschule für Ökonomie und Management* beispielsweise beginnen diese dreimal die Woche um 18.00 Uhr und enden um 21.15 Uhr.

Diese Variante sorgt bei Ihnen natürlich für lange Arbeitstage und eine stressige Arbeitswoche. An drei Tagen pro Woche das Haus frühmorgens zu verlassen, um rechtzeitig auf der Arbeit zu sein, und erst spät abends nach Vorlesungen und Seminaren wieder zurück zu kommen, ist stressig. Vor allem im Winter kann es sehr belastend sein, während des ganzen Tages kein wirkliches Sonnenlicht zu sehen. Sie werden den Arbeitsweg vor Sonnenaufgang, den Nachhauseweg nach Sonnenuntergang antreten.

Der Vorteil dieses Zeitmodells jedoch liegt auf der Hand: Es ist das vorlesungsfreie Wochenende! Diese Variante wird in erster Linie von Studierenden gewählt, die außerhalb der Stadt wohnen, in der sie arbeiten und studieren. So müssen sie nicht zusätzlich zu ihren Arbeitstagen auch am Wochenende mit Pkw oder öffentlichen Verkehrsmitteln pendeln.

Wochenendstudium

Das so genannte Wochenendstudium fasst Ihre Lehrveranstaltungen kompakt zusammen. Freitags, am Ende der Arbeitswoche, beginnen Vorlesungen und Seminare abends um 18.00 Uhr, dauern bis 21.15 Uhr und werden am Samstagmorgen für einen Tag fortgesetzt.

Auf diese Art und Weise entspannt sich Ihre Arbeitswoche, da Sie von Montag bis Donnerstag nach Feierabend auch wirklich frei haben und Ihren Hobbys nachgehen, Freunde treffen oder entspannen können. Wenngleich sich das Wochenende dadurch natürlich um einen Tag verkürzt, bleibt Ihnen noch immer der Sonntag zur freien Verfügung.

Für diese Variante entscheiden sich vor allem Studierende, die unter der Woche sehr unregelmäßige Arbeitszeiten haben und dadurch den Besuch von Lehrveranstaltungen am Abend nicht sicherstellen können. Außerdem bietet ihnen dieses Zeitmodell einen Vorteil, wenn Wohn-, Arbeits- und Studienort nicht in der selben Stadt liegen. Sie müssen nach Feierabend nicht in ihren Studienort hetzen, sondern legen den Weg dorthin nur freitags und samstags zurück.

Tages-Studium

Die Variante des Tages-Studiums ist für Sie kaum geeignet, wenn Sie in Vollzeit berufstätig sind. Dabei studieren Sie pro Woche an zwei Wochentagen, während die anderen drei Wochentage sowie das Wochenende für Ihren Beruf zur Verfügung stehen.

Wenn Sie jedoch lediglich in Teilzeit arbeiten und sich Ihre Arbeitszeiten mit den angebotenen Studientagen verbinden lassen, bietet dieses Zeitmodell Ihnen die Möglichkeit, sich die Abende und Wochenenden freizuhalten.

Vor allem bei diesem Modell kommt die große Flexibilität und Kundenorientierung privater Hochschulen zum Tragen. Diese legen bereits zu Beginn des Studiums fest, an welchen Wochentagen die Lehrveranstaltungen stattfinden, wodurch Sie Ihre Arbeitszeiten mit Ihrem Vorgesetzten entsprechend abstimmen können. Anders als an einer staatlichen Hochschule umgehen Sie also die Gefahr, nach einigen studierten Semestern wichtige Lehrveranstaltungen nicht besuchen zu können, da diese nur an ihren Arbeitstagen angeboten werden.

Neben einer regulären Tätigkeit in Teilzeit eignet sich ein Tages-Studium auch in besonderer Weise für Trainees und Selbstständige.

Block-Studium

Einige private Hochschulen bieten in dem einen oder anderen Studiengang auch ein Block-Studium an. Dies jedoch ist für Sie nur dann geeignet, wenn Ihr Arbeitgeber eng mit der jeweiligen Universität kooperiert.

In einem solchen Block-Studium arbeiten Sie ganz regulär in Ihrem Unternehmen, werden jedoch jedes Semester für zehn Wochen von der Arbeit freigestellt. In diesen zehn Wochen besuchen Sie die Lehrveranstaltungen Ihrer Hochschule, eignen sich Studieninhalte innerhalb kürzester Zeit an und legen Prüfungen ab.

Die meisten Arbeitgeber, die derart mit privaten Hochschulen kooperieren, fördern diese Art des Studiums, um Mitarbeiter langfristig an sich zu binden. Deshalb werden sie in den meisten Fällen von Ihnen noch vor Beginn des Studiums einen Anschlussvertrag verlangen.

Die fünf Varianten im Überblick

Variante	Vorteile	Nachteile
„reguläres" Studium	▪ Lehrveranstaltungen verteilen sich auf fünf Tage pro Woche ▪ in der Regel entspannteres Studieren ▪ bekannteste Variante	▪ kaum vereinbar mit einem Beruf ▪ vorausschauende Planungen sind kaum möglich, da Semesterpläne sich ändern ▪ Prüfungen finden u. U. während der Arbeitszeit statt und können nicht abgelegt werden

Abend-studium	▪ gut vereinbar mit dem Beruf ▪ freies Wochenende zur Erholung ▪ Weg zu Studien- und Arbeitsort muss nur einmal zurückgelegt werden	▪ lange Arbeitstage ▪ stressige Arbeitswochen ▪ sind Studien- und Arbeitsort nicht identisch u.U. besonders aufwändiges Pendeln
Wochenend-Studium	▪ gut vereinbar mit dem Beruf ▪ volle Konzentration auf die Arbeit unter der Woche ▪ Arbeit und Studium sind klar getrennt	▪ keine freien Tage zur Erholung ▪ Gefahr des Hamsterrads: Ist die Arbeit beendet, beginnt das Studium, ist das Studium beendet, beginnt schon die Arbeit
Tages-Studium	▪ freie Abende **und** Wochenenden ▪ entspannteres Studieren	▪ kaum vereinbar mit Berufstätigkeit in Vollzeit
Blockstudium	▪ bei Entgegenkommen des Arbeitgebers gut vereinbar mit dem Beruf ▪ Konzentration auf Studium fällt in den Blockphasen besonders leicht	▪ Arbeitgeber muss mitspielen ▪ Arbeits- und Studienblöcke immer wieder unterbrochen

Tab. 2: Studienformen

An welcher Hochschule kann ich studieren?

In der Regel sind die staatlichen Universitäten und Fachhochschulen wohlbekannt, während es gerade unter den privaten Hochschulen die ein oder andere kleinere, unbekanntere gibt, die man auf der Suche nach einer geeigneten Bildungseinrichtung nicht auf dem Radar hat. Aus diesem Grund beschränkt sich die folgende Tabelle auf die in Deutschland ansässigen privaten Hochschulen. Diese werden mit Name und Hauptsitz genannt. Bitte beachten Sie, dass einige Hochschulen, wie beispielsweise die FOM in vielen deutschen Städten Hochschulzentren unterhalten. Informieren Sie sich am besten über den jeweiligen Internetauftritt. Dieser wird ebenso in der Tabelle angeführt.

Bezüglich der staatlichen Hochschulen sei beispielhaft auf die folgenden Seiten verwiesen:

- www.abitur-und-studium.de
- www.hochschulkompass.de
- www.wikipedia.de

Hochschule	Ort	Internetseite
accadis Hochschule Bad Homburg	Bad Homburg vor der Höhe (HE)	www.accadis.com
AKAD-Hochschule Leipzig	Leipzig (SN)	www.akad.de
AKAD-Hochschule Pinneberg	Pinneberg (SH)	www.akad.de
AKAD-Hochschule Stuttgart	Stuttgart (BW)	www.akad.de

Akkon-Hochschule für Humanwissenschaften	Berlin (BE)	www.akkon-hochschule.de
Alanus Hochschule für Kunst und Gesellschaft	Alfter	www.alanus.edu
AMD Akademie Mode & Design	Hamburg (HH)	www.amdnet.de
APOLLON Hochschule der Gesundheitswirtschaft	Bremen (HB)	www.apollon-hochschule.de
Athanor Akademie	Burghausen (BY)	www. athanor.de
bbw Hochschule	Berlin (BE)	www.bbw-hochschule.de
Berliner Technische Kunsthochschule	Berlin (BE)	www.btk-fh.de
BEST-Sabel-Hochschule Berlin	Berlin (BE)	www.bsb-hochschule.de
Brand Academy – Hochschule für Design und Kommunikation	Hamburg (HH)	www.brand-acad.com
BSP Business School Berlin Potsdam	Berlin (BE)	www.businessschool-berlin-potsdam.de
Bucerius Law School (BLS)	Hamburg	www.law-school.de
Business and Information Technology School (BiTS)	Iserlohn (NW)	www.bits-hochschule.de
Cologne Business School	Köln (NW)	www.cbs.de

Design akademie berlin, Hochschule für Kommunikation und Design (FH)	Berlin (BE)	www.design-akademie-berlin.de
Deutsche Hochschule für Prävention und Gesundheitsmanagement	Saarbrücken (SL)	www.dhfpg.de
DIPLOMA – FH Nordhessen	Bad Sooden-Allendorf (HE)	www.diploma.de
Dresden International University	Dresden (SN)	www.di-uni.de
EBC Hochschule	Hamburg (HH) et al.	www.ebc-hochschule.de
EBS Universität für Wirtschaft und Recht	Oestrich-Winkel und Wiesbaden (HE)	www.ebs.edu
EBZ Business School	Bochum (NW) sowie Hamburg (HH)	www.ebz-business-school.de
ESCP Europe Campus Berlin	Berlin (BE)	www.escpeurope.eu
Europäische Fachhochschule	Brühl/Erft (NW)	www.eufh.de
Europäische Fernhochschule Hamburg (Euro-FH)	Hamburg (HH)	www.eufh.de
Europäische Medien- und Business-Akademie (EMBA)	Hamburg (HH) et al.	www.emba-medienakademie.de

Fachhochschule der Diakonie	Bielefeld (NW)	www.fh-diakonie.de
Fachhochschule der Wirtschaft (FHDW)	Paderborn (NW) et al.	www.fhdw.de
Fachhochschule des Mittelstands (FHM)	Bielefeld et al.	www.fhm-muenchen.de
Fachhochschule Dresden (FHD)	Dresden (SN)	www.fh-dresden.eu
Fachhochschule für angewandtes Management	Erding, (BY) et al	www.fham.de
Fachhochschule für die Wirtschaft (FHDW)	Hannover, Celle (NI)	www.fhdw.de
Fachhochschule für Wirtschaft und Technik (FHWT)	Vechta (NI) et al.	www.fhwt.de
Fachhochschule Ottersberg	Ottersberg (NI)	www.hks-ottersberg.de
Fachhochschule Wedel	Wedel (SH)	www.fh-wedel.de
Fliedner Fachhochschule Düsseldorf	Düsseldorf (NW)	www.fliedner-fachhochschule.de
FOM Hochschule	Essen (NW)	www.fom.de
Frankfurt School of Finance & Management	Frankfurt am Main (HE)	www.frankfurt-school.de

German Graduate School of Management and Law	Heilbronn (BW)	www.ggs.de
Gustav-Siewerth-Akademie (GSA)	Weilheim-Bierbronnen (BW)	www.siewerth-akademie.de
Hamburg School of Business Administration (HSBA)	Hamburg (HH)	www.hsba.de
Handelshochschule Leipzig (HHL)	Leipzig (SN)	www.hhl.de
Hertie School of Governance	Berlin (BE)	www.hertie-school.org
HFH Hamburger Fern-Hochschule	Hamburg (HH)	www.hamburger-fh.de
Hochschule 21	Buxtehude (NI)	www.hs21.de
Hochschule der Sparkassen-Finanzgruppe	Bonn (NW)	www.s-hochschule.de
Hochschule der Wirtschaft für Management (HdWM)	Mannheim (BW)	www.hdwm.de
Hochschule Fresenius	Idstein (HE) et al.	www.hs-fresenius.de
Hochschule für Angewandte Sprachen – Fachhochschule des SDI	München (BY)	www.sdi-muenchen.de
Hochschule für Gesundheit und Sport	Berlin (BE)	www.my-campus-berlin.com

Hochschule für Internationales Management Heidelberg	Heidelberg (BW)	www.himh.de
Hochschule für Kunsttherapie Nürtingen	Nürtingen (BW)	www.hkt-nuertingen.de
Hochschule für Medien, Kommunikation und Wirtschaft	Berlin (BE) und Köln (NW)	www.hmkw.de
Hochschule für Telekommunikation Leipzig (HfTL)	Leipzig (SN)	www.hft-leipzig.de
Hochschule Neuss	Neuss (NW)	www.hs-neuss.de
HSD Hochschule Döpfer	Köln (NW)	www.hs-doepfer.de
IB-Hochschule Berlin	Berlin (BE)	www.ib-hochschule.de
International Psychoanalytic University Berlin	Berlin (BE)	www.ipu-berlin.de
International School of Management Dortmund (ISM)	Dortmund (NW)	www.ism.de
Internationale Hochschule Bad Honnef	Bad Honnef (NW)	www.iubh.de
IST-Hochschule für Management	Düsseldorf (NW)	www.ist-hochschule.de
Jacobs University Bremen (JUB)	Bremen (HB)	www.jacobs-university.de

Karlshochschule International University	Karlsruhe (BW)	www. karlshoch-schule.de
Kühne Logistics University	Hamburg (HH)	www.the-klu.org
Macromedia Fachhochschule der Medien	München (BY)	www.macromedia-fach-hochschule.de
Mediadesign Hochschule (MD.H)	Berlin (BE)	www.mediadesign.de
Medizinische Hochschule Brandenburg „Theodor Fontane" (MHB)	Brandenburg an der Havel (BB)	www.mhb-fontane.de
Merz Akademie	Stuttgart (BW)	www.merz-akademie.de
MSB Medical School Berlin	Berlin (BE)	www.medicalschool-ber-lin.de
MSH Medical School Hamburg	Hamburg (HH)	www.medicalschool-hamburg.de
Munich Business School (MBS)	München (BY)	www.munich-business-school.de
Naturwissenschaftlich-Technische Akademie Isny (nta)	Isny im Allgäu (BW)	www.nta-isny.de
Nordakademie	Elmshorn (SH)	www.nordakademie. de
Praxis-Hochschule	Köln (NW)	www.praxishoch schule.de

Private Fachhochschule Göttingen (PFH)	Göttingen, Stade (NI)	www.pfh.de
Provadis School of International Management and Technology	Frankfurt am Main (HE)	www.provadis-hochschule.de
Psychologische Hochschule (PHB)	Berlin (BE)	www.psychologische-hochschule.de
Rheinische Fachhochschule Köln (RFH)	Köln (NW)	www.rfh-koeln.de
SRH Fachhochschule für Gesundheit	Gera (TH)	www.gesundheitshochschule.de
SRH FernHochschule Riedlingen	Riedlingen (BW)	www.fh-riedlingen.de
SRH Hochschule Berlin	Berlin (BE)	www.srh-hochschule-berlin.de
SRH Hochschule Calw	Calw (BW)	www.hochschule-calw.de
SRH Hochschule für Logistik und Wirtschaft	Hamm (NW)	www.fh-hamm.de
SRH Hochschule Heidelberg	Heidelberg (BW)	www.hochschule-heidelberg.de
Steinbeis-Hochschule Berlin (SHB)	Berlin (BE)	www.steinbeis-academy.de

Technische Fachhochschule Georg Agricola	Bochum (NW)	www.tfh-bochum.de
Touro College	Berlin (BE	www.tuw.edu
Universität Witten/Herdecke (UWH)	Witten (NW)	www.uni-wh.de
VWA Hochschule für berufsbegleitendes Studium	Stuttgart (BW)	www.vwa-hochschule.de
WHU – Otto Beisheim School of Management	Vallendar (RP)	www.whu.edu
Wilhelm Büchner Hochschule - Private Fernhochschule Darmstadt	Pfungstadt (HE)	www.wb-fernstudium.de
Zeppelin Universität	Friedrichshafen (BW)	www.zu.de

Tab. 3: Übersicht private Hochschulen

Achten Sie bei der Auswahl der für Sie in Frage kommenden Hochschule unbedingt darauf, dass diese sich nicht zu weit entfernt von Ihrem Wohnort und Arbeitsplatz befindet. Ist ein Wohnortwechsel für den „klassischen" Studierenden, den es nach dem Abitur in die Ferne zieht, eine willkommene Abwechslung zum elterlichen Zuhause, ist dies für Sie als Berufstätigen kaum machbar.

Da Sie durch Ihre berufliche Tätigkeit zeitlich stark eingespannt sind, ist es auch nicht empfehlenswert, allzu viel Zeit in Auto oder Bahn damit zu verbringen, zwischen Wohnort, Studienort und Arbeitsplatz hin und her zu pendeln.

Woher weiß ich, ob mein Studium überhaupt anerkannt wird?

Eine der größten Sorgen, wenn Sie nicht den klassischen Weg wählen, im Anschluss an Ihre Schulzeit den Gang an eine Hochschule anzutreten, wird vermutlich die um die Anerkennung des angestrebten Studienabschlusses sein. Dies ist insofern nur allzu verständlich, als einerseits Geld, Zeit und Energie nicht umsonst investiert werden wollen und sich andererseits Bildungs- und Hochschullandschaft in Deutschland sehr unübersichtlich gestalten. Die Frage, ob das gewählte nebenberufliche Studium auch wirklich zu einem anerkannten Abschluss führt, ist eigentlich eine zweiteilige:

[1] Führt das Studium zu einem formal anerkannten Abschluss und akademischen Grad?

[2] Wird der Studienabschluss von Personalabteilungen und Headhuntern anerkannt und honoriert?

Lassen Sie uns diese beiden Fragen im Folgenden einzeln klären:

[1] Wenden wir uns zunächst der formalen Anerkennung zu: Selbstverständlich ist es bei einem Bachelor of Arts im Bereich Banking & Finance oder einem Master of Science im Human Ressource Management prinzipiell egal, ob dieser neben dem Beruf oder als „hauptberuflicher Studierender", im regulären Studienbetrieb oder im Fernstudium, an einer privaten oder staatlichen Hochschule erworben wurde. Um derartige akademische Grade überhaupt verleihen zu dürfen, sind fast alle privaten Hochschulen mittlerweile offiziell akkreditiert. Dies können Sie als Interessent eigentlich gar nicht übersehen, da die meisten Hochschulen auf ihren Internetseiten mit einem deutlichen Verweis auf die jeweils tätige Akkreditierungsagentur werben.

Mussten sich frühere Studierendengenerationen Gedanken darüber machen, ob sich im späteren Berufsleben der an einer Universität oder der an einer Fachhochschule erworbene Abschluss auf der Visitenkarte besser macht, bleibt Ihnen dies erspart. Seit Bologna und der Umstellung auf Bachelor- und Master-Abschlüsse wird dies prinzipiell nicht mehr angegeben. Lediglich, wenn Sie noch größere Ziele im akademischen Bereich haben und eine Promotion anstreben, empfiehlt sich das Studium an einer Universität. Zwar können Sie in den meisten Fällen auch im Anschluss an ein Fachhochschulstudium promoviert werden, doch gestaltet sich dies in der Regel deutlich aufwändiger. Fragen Sie hier explizit an den für Sie in Frage kommenden Hochschulen nach und lassen Sie sich bitte nicht mit Allgemeinplätzen oder leeren Phrasen abspeisen und erkundigen Sie sich nach Präzedenzfällen.

[2] Schwieriger und nicht ganz so eindeutig lässt sich die zweite Frage klären. Wie sind Human Ressources Manager und Headhunter Ihrem möglichen Studium gegenüber eingestellt? Anders als noch zu Zeiten, zu denen Sie als berufstätiger Studierender zu den Exoten gehörten, existieren heute kaum mehr Vorurteile gegenüber einem berufsbegleitenden Studium. Ebenso haftet den an privaten Hochschulen erworbenen Studienabschlüssen nicht länger das Etikett „erkaufter Studienabschluss" an. Vielmehr – dazu jedoch auch an anderer Stelle – weiß man in vielen Personalabteilungen mittlerweile Engagement, Selbstorganisation, Belastbarkeit und Ehrgeiz nebenberuflich Studierender zu schätzen.

Der schönste Job der Welt – Mutter sein/Vater sein

Studieren mit Kind – soll ich's wagen?

Die folgenden Ausführungen fallen vermutlich etwas aus dem Rahmen. Vater sein oder Mutter sein, das wird in der Regel nur selten als wirklicher Beruf angesehen. Ein bisschen Windeln wechseln, beim Einkaufen zusätzlich Babyprodukte in den Wagen packen und den Rest erledigen sowieso Kindergarten und Babysitter. Über diese Sichtweise können Eltern vermutlich nur lachen. Vater sein oder Mutter sein, das ist mehr als ein Fulltime-Job – das ist ein Rund-um-die-Uhr-Job.

Wenn sich neben den Aufgaben und Pflichten als Elternteil auch noch die Frage stellt, ob zusätzlich den Verpflichtungen eines Studiums nachgekommen werden soll, lautet die Antwort zu schnell „nein". Auf den ersten Blick scheint es geradezu unmöglich, die Zeit für den Besuch von Seminarveranstaltungen, die Energie für das Anfertigen von schriftlichen Hausarbeiten und die Ruhe zur Vorbereitung auf Prüfungen zu finden. Egal ist dabei das Ziel des Studiums. Sowohl der anspruchsvolle Master-Abschluss, der endlich neue berufliche Perspektiven eröffnen soll, als auch der Bachelor in Kunstgeschichte, mit dem ein seit Jahren gehegter Traum in Erfüllung ginge – beides scheint in unerreichbarer Ferne.

Fällen Sie Ihre Entscheidung gegen ein Studium nicht unüberlegt und nicht zu schnell. Ein Studium mit Kindern egal welchen Alters ist möglich, setzt jedoch über Motivation und Interesse hinaus besonders durchdachte Planung, nahezu perfekte Selbstorganisation und vor allem Beharrlichkeit voraus. Dennoch ist der Balanceakt, Studium und Kind beziehungsweise Familie unter einen Hut zu bekommen, nicht unmöglich. Tausende studierender Eltern beweisen Tag für Tag, dass dies möglich ist.

Was muss geklärt werden?

Nachdem die Zeiten vorbei sind, zu denen Professoren, Dozenten und Hochschulen von einer weitgehend homogenen Gesamtheit der Studierenden ausgegangen sind, die im Anschluss an Gymnasialzeit oder Bundeswehr ein Studium aufgenommen haben, finden (werdende) Väter und Mütter heute auch wirklich an jeder deutschen Hochschule geschulte Ansprechpartner und ein (mehr oder weniger) durchdachtes Unterstützungssystem. Von Vorteil für Sie ist es, sich bereits im Vorfeld gründlich zu informieren. Dies kann entweder vor Aufnahme eines Studiums sein, wenn Sie bereits Kinder haben oder schwanger sind, oder während des Studiums, wenn Sie sich Gedanken über die Familienplanung machen und sich fragen, ob nicht zuerst das Studium beendet werden sollte. Informieren Sie sich auf den Seiten des Internetauftritts Ihrer Hochschule – jede Hochschule hat mittlerweile eine auf die Beratung von Schwangeren, Müttern oder Vätern spezialisierte Stelle – und klären Sie für sich die folgenden Fragen:

- Welche Hilfen zur Kinderbetreuung gibt es speziell für Studierende?
- Wo an der Hochschule kann ich mein Baby wickeln oder stillen?
- Wo kann ich ein Urlaubssemester für Schwangerschaft und Erziehung beantragen? Gibt es Sonderregelungen, die erlauben, selbst während des Urlaubssemesters Prüfungen abzulegen und Seminare zu besuchen?
- Haben Eltern Vorrang, wenn für Seminarveranstaltungen nur eine begrenzte Anzahl an freien Plätzen zur Verfügung steht?
- Finden an meiner Hochschule regelmäßig Veranstaltungen statt, an denen ich andere Väter und Mütter kennenlernen und mich mit ihnen austauschen kann? Gibt es ein diesbezügliches Onlineforum?

Semesterplanung und Lehrveranstaltungen

Eine große Herausforderung für studierende Eltern ist die zeitliche Organisation von familiären Verpflichtungen und universitären Lehrveranstaltungen. Besonders wichtig ist es deshalb, sich frühzeitig mit der Semesterplanung auseinanderzusetzen und diese wirklich sorgfältig und durchdacht anzugehen.

Inwieweit Sie als Mutter oder Vater Vorrechte genießen und sich vor allen anderen Studierenden für Seminarveranstaltungen eintragen dürfen, ist an keiner bekannten Hochschule zentral geregelt. Hierzu existieren von Lehrstuhl zu Lehrstuhl, teilweise von Dozent zu Dozent unterschiedliche Regelungen. Am besten nehmen Sie frühzeitig Kontakt zu Ihrer Fachberatung sowie Ihren Professoren und Dozenten auf, schildern Ihre Situation, ohne dabei „auf die Tränendrüse zu drücken" und bitten um Verständnis für Ihre Belange.

Suchen Sie auch bereits vor Beginn des Semesters das Gespräch mit Ihren Dozenten und informieren Sie diese vorab, wenn Sie aufgrund der Kinderbetreuungszeiten oder anderer familiärer Verpflichtungen eine Veranstaltung regelmäßig etwas früher verlassen müssen oder unter Umständen einige Minuten zu spät kommen werden.

Viele Dozenten habe Verständnis dafür, dass eine regelmäßige Teilnahme an Veranstaltungen für Eltern schwierig ist, da Kinder häufig erkranken, und regeln deshalb die Anwesenheitspflicht für Eltern gesondert. Sprechen Sie Ihre Professoren darauf an und fragen Sie nach, wie viele Fehltage Ihnen eingeräumt werden und ob es möglich ist, gegebenenfalls Ersatzleistungen zu erbringen.

Eine Lehrveranstaltung mit Kind zu besuchen ist in aller Regel zwar möglich, aber nicht wirklich ideal. Zu wenig werden Sie von Vorlesung oder Seminarveranstaltung profitieren, wenn ein Teil Ihrer Aufmerksamkeit Ihrem Kind gelten muss. Sollte es aufgrund eingeschränkter Betreuungsmöglichkeit nicht anders möglich sein, informieren Sie Ihren Dozenten bitte vorab; dies gebieten Anstand und Respekt.

Obgleich der Bereich des E-Learnings in Deutschland noch immer in den Kinderschuhen steckt, haben Sie an vielen Hochschulen die Möglichkeit, Skripten, Aufzeichnungen, virtuelle Kurse, Vorlesungen oder Vorlesungsmitschnitte im Internet abzurufen und sich die Inhalte zu Hause eigenständig anzueignen. An vielen Hochschulen ist es sogar möglich, zu Hause Prüfungsleistungen zu erbringen und ECTS-Punkte zu erwerben. Dennoch sollten Sie vorab unbedingt den Gang zum Prüfungsamt antreten. Zu uneinheitlich sind hier die Regelungen, zu wertvoll Ihre investierte Zeit, als dass Sie im Nachhinein erfahren möchten, dass Sie sich den abgelegten Kurs nicht anrechnen lassen können.

Auch das noch: Prüfungen!

Das Thema der Prüfungsleistungen und ECTS-Punkte ist für studierende Mütter und Väter in der Regel besonders heikel. Klären Sie deshalb unbedingt vorab die folgenden Fragen:

- Kann ich während einer Beurlaubung Prüfungen ablegen?
- Habe ich als Elternteil die Möglichkeit, auch kurzfristig von Prüfungen zurückzutreten, ohne dass diese als nicht bestanden gewertet werden?
- Benötige ich auch als Schwangere bei Nicht-Erscheinen zu einer Prüfung ein amtsärztliches Attest?
- Gibt es eine Regelung für den Fall, dass mein Kind am Prüfungstag erkrankt?
- Welche Lösung kann gefunden werden, wenn mein Baby während der Prüfung gestillt werden muss?
- Gibt es die Möglichkeit, mein Kind während der Prüfung in einem Nebenraum betreuen zu lassen?

Tipps und Motivationshilfen für studierende Mütter, Väter und für Schwangere

Glauben Sie an sich!

Gerade wenn Sie das Gefühl haben, von allen Seiten werde an Ihnen gezerrt und gezogen, gerade wenn Ihr Kind, Ihr Partner, weitere Familienangehörige, Studium und vielleicht sogar ein Nebenjob Ihre Zeit und Energie erfordern, hinterfragen Sie vermutlich von Zeit zu Zeit die Sinnhaftigkeit des eigenen Tuns. Natürlich sind viele Studierende, sozusagen Ihre Konkurrenten, in wesentlich komfortablerer Situation. Natürlich haben Sie es besonders schwer. Doch seien Sie dennoch zuversichtlich. Vermutlich werden Sie die ein oder andere Form der Unterstützung benötigen, vermutlich werden Sie den ein oder anderen Kompromiss eingehen müssen, doch wenn das Studium die richtige Entscheidung für Sie war, wird es Ihnen gelingen. Weshalb sollten ausgerechnet Sie nicht zu der hohen Anzahl an Vätern und Müttern gehören, die trotz Nachwuchses erfolgreich studieren?

Setzen Sie realistische Ziele!

Natürlich ist es toll, Wenn Sie besonders leistungsfähig sind. Vermeiden Sie es dennoch, sich zu viel abzuverlangen. Das Studium neben Schwangerschaft und Kindererziehung in Mindeststudiendauer und mit Bestnoten abzuschließen, ist unrealistisch. Akzeptieren Sie, dass Ihr Studium unter Umständen das ein oder andere Semester länger dauern wird. Jeder zukünftige Arbeitgeber wird Verständnis dafür haben.

Reservieren Sie sich Ihre Studienzeit!

Auch – oder gerade – weil Ihre Zeit knapp bemessen ist, ist es notwendig, sich die ein oder andere Stunde von vornherein zu reservieren, zu der Sie sich ausschließlich um Ihr Studium kümmern. Ihr Partner sollte dies wissen und respektieren, dass Sie zu festgesetzten Zeiten an schriftlichen Hausarbeiten sitzen und sich auf Prüfungen vorbereiten. Halten Sie diese Zeiten auch unbedingt in Wochen- und Semesterplaner fest.

Reservieren Sie sich Ihren Lernort!

Auch wenn das Geld bei studierenden Vätern und Müttern oftmals ebenso knapp ist wie großzügiger und erschwinglicher Wohnraum in Universitätsstädten, benötigen Sie doch einen Rückzugsort, an dem Sie konzentriert arbeiten können. Wenn es bei Ihnen zu Hause nicht die Möglichkeit für ein Arbeitszimmer oder einen ruhigen, für Sie reservierten Schreibtisch gibt, können Unibibliothek und – je nach persönlichen Vorlieben – auch das kleine, ruhige Café um die Ecke geeignete Alternativen sein.

Halten Sie Schritt!

Während des Semesters, wenn aktuell noch wenige Verpflichtungen anstehen, ist es verführerisch, das Studium schleifen zu lassen. Natürlich können Sie sich jetzt intensiv Ihrem Kind widmen – Prüfungen, Referate und abzugebende Hausarbeiten liegen ja noch in weiter Ferne. Wenn Sie so denken, werden Sie früher oder später Schwierigkeiten bekommen. Verteilen Sie Ihren Arbeitsaufwand möglichst gleichmäßig über das ganze Semester. Wenn Sie erst einmal „Hinterherhinken", ist es bereits zu spät. Können Studierende ohne Ihre Verpflichtungen sich problemlos für einige Wochen ganz auf ihr Studium konzentrieren und Rückstände aufholen, ist dies für Sie nahezu unmöglich.

Nehmen Sie Hilfe an!

Gerade Väter und Mütter, die neben der Erziehung ihrer Kinder auch noch ein Studium absolvieren, neigen dazu, alles selbst erledigen zu wollen und Aufgaben nur selten abzugeben. Seien Sie nicht zu stolz, auf die Hilfe Ihrer Eltern zurückzugreifen oder – wenn die finanziellen Mittel dies zulassen – eine Haushaltshilfe, einen Babysitter oder eine Reinigung zu bezahlen.

Ziehen Sie Ihre Kinder heran!

Wenn Ihre Kinder bereits alt genug sind, können diese ruhig im Haushalt mit anpacken. Erklären Sie Ihnen, dass Ihr Studium genauso wichtig und zeitaufwändig ist wie die berufliche Tätigkeit Ihres Partners, und Sie ihre Unterstützung benötigen. Je nach Alter kann Ihr Nachwuchs das eigene Zimmer aufräumen, die Spülmaschine ein- und ausräumen oder den Müll rausbringen.

Widmen Sie sich Ihrem Kind!

Ernst genommen kann ein Studium ein wahrer Zeitfresser sein. Lernen Sie, sich Auszeiten zu gönnen und sich Freiräume zu schaffen, in denen Sie sich ganz Ihrem Kind widmen. Das erste Wort, die ersten Schritte, dies alles sind Dinge, die nur einmal im Leben geschehen. Verpassen Sie das nicht.

Wie finanziere ich meinen Traum?

Den Gedanken, neben einem Vollzeitjob auch noch zu studieren, verwerfen viele Berufstätige nicht allein aufgrund der zeitlichen Belastung, die sie auf sich zukommen sehen, sondern auch aufgrund der damit einhergehenden finanziellen Belastung. Gerade wenn Ihr Gehalt aktuell keine allzu großen Sprünge erlaubt und

Sie kaum etwas zur Seite legen können, wirken Studiengebühren ebenso wie Fahrt- und Materialkosten abschreckend. Führen Sie sich deshalb nicht nur vor Augen, dass ein Studium zeitlich begrenzt ist und dass mit einem zusätzlichen Studienabschluss in der Regel ein auf lange Sicht deutlich höheres Gehalt verbunden ist, sondern dass darüber hinaus die unterschiedlichsten Möglichkeiten der finanziellen Förderung existieren:

Ihr Arbeitgeber

Viele Arbeitgeber haben mittlerweile verstanden, dass qualifizierte Fachleute rar gesät sind, und haben deshalb den Kampf um die klügsten Köpfe aufgenommen. Vor allem große Unternehmen bieten ihren Mitarbeitern unterschiedlichste Förderprogramme, die diesen einerseits die persönliche Weiterentwicklung ermöglichen und sie andererseits langfristig binden sollen. Ob dies in Form reiner finanzieller Zuwendung, der Übernahme der Studiengebühren oder einer Reduzierung der Wochenarbeitszeit bei vollem Lohnausgleich geschieht, ist unterschiedlich. Bei den meisten betrieblichen Förderprogrammen verpflichten Sie sich im Gegenzug dazu, Ihrem Arbeitgeber nach Studienabschluss noch das ein oder andere Jahr zur Verfügung zu stehen. Inwieweit dies mit Ihren Zukunftsplänen vereinbar ist, müssen Sie entscheiden.

Studiendarlehen

Anders als in angelsächsischen Ländern haben Studiendarlehen in Deutschland keine allzu lange Tradition. Eingeführt, um negativen Auswirkungen der Studiengebühren entgegenzuwirken, haben sie sich mit deren Abschaffung mittlerweile nahezu überlebt. Aus diesem Grund haben die wenigsten Kreditinstitute noch eigene Studiendarlehen im Portfolio. Vielmehr vermitteln sie lediglich den Bildungskredit der Kreditanstalt für Wiederaufbau.

Die Besonderheit an einem Studiendarlehen ist, dass nicht auf einen Schlag die gesamte Darlehenssumme ausgezahlt wird, sondern Sie monatlich einen Teilbetrag erhalten. Dies kann Ihnen die Finanzierung des Lebensunterhalts stark erleichtern. Darüber hinaus sind Studiendarlehen generell zu einem eher günstigen Zinssatz zu haben.

Aufgrund Ihres regelmäßigen Einkommens sind Sie selbstverständlich ein gern gesehener Kreditnehmer, wobei Sie bedenken sollten, dass die Rückzahlung mit dem Ende (oder Abbruch) des Studiums beginnt – unabhängig davon, ob Sie zu diesem Zeitpunkt bereits befördert wurden oder eine besser dotierte Stelle gefunden haben oder nicht.

Wenn Sie das Studium an einer privaten Hochschule in Betracht ziehen, sollten Sie dort unbedingt explizit nachfragen. Viele derartige Bildungseinrichtungen arbeiten eng mit bestimmten Kreditinstituten zusammen und vermitteln günstige Studiendarlehen.

Weiterbildungsstipendium

Solange Sie jünger als 25 Jahre sind und eine Berufsausbildung besonders gut abgeschlossen haben, kommen Sie unter Umständen in den Genuss eines Weiterbildungsstipendiums. Mit diesem unterstützt das Bundesministerium für Bildung und Forschung jährlich 6.000 besonders leistungsfähige junge Menschen. Eigentlich eingeführt, um fachliche Lehrgänge und fächerübergreifende Weiterbildungen zu fördern, wird ein Weiterbildungsstipendium unter bestimmten Voraussetzungen auch für ein berufsbegleitendes Studium gewährt. Weitere Information – auch zur Antragstellung – finden Sie auf den Seiten des Bundesministeriums für Bildung und Forschung unter http://www.bmbf.de/de/13839.php.

Aufstiegsstipendium

Mit dem Aufstiegsstipendium möchte das Bundesministerium für Bildung und Forschung besonders motivierte und leistungsfähige Personen mit Berufserfahrung zur Aufnahme eines Studiums motivieren. Es wurde 2008 eingeführt, um einerseits die Durchlässigkeit von beruflicher und akademischer Bildung und andererseits die Aufstiegschancen qualifizierter Fachkräfte zu erhöhen. In Frage für ein derartiges Stipendium kommen Sie jedoch nur, wenn Sie noch kein Hochschulstudium absolviert haben. Genaueres und ob Sie tatsächlich zum Kreis der Auserwählten für eines der etwa 1.000 pro Jahr vergebenen Aufstiegsstipendium gehören, erfahren Sie unter http://www.bmbf.de/de/12742.php.

Deutschlandstipendium

Das Deutschlandstipendium unterscheidet sich insofern von den beiden vorherigen Stipendien, als es sich eigentlich in erster Linie an Vollzeitstudenten richtet, die mit 300 € monatlich unterstützt werden. Dennoch kann es auch für Sie eine Option sein. Beantragen können Sie es jedoch erst nach Aufnahme eines Studiums und wenn Sie bereits herausragende Noten erzielt haben. Darüber hinaus ist gesellschaftliches Engagement ebenso ein Kriterium, wie das Überwinden individueller Hürden, die Ihnen den Bildungsweg erschweren.

Bafög

Die traditionelle Förderung Studierender auf Basis des Bundesausbildungsförderungsgesetzes kommt für Sie als Berufstätiger übrigens nicht in Frage – als Berufstätiger verdienen Sie einfach zu viel.

Förderung durch unterschiedliche Stiftungen

Viele Stiftungen haben es sich zur Aufgabe gemacht, sowohl Studierende zu unterstützen als auch die berufliche Weiterbildung zu stärken. Dies ist in Ihrem Fall natürlich besonders interessant, da auf Sie beides zutrifft.

Leider ist an dieser Stelle nicht der Platz, um detailliert auf jede einzelne, für Sie vielleicht relevante Stiftung einzugehen. Dafür ist deren Zahl mit etwa 20.000 in Deutschland vorhandenen Stiftungen einfach zu groß. Allerdings ist dies auch nicht wirklich notwendig, denn auf der Seite http://www.stiftungen.org/index.php?id=1092 des Bundesverbands Deutscher Stiftungen finden Sie eine durchdachte Suchmaschine, mit deren Hilfe sich leicht die für Sie in Frage kommenden Stiftungen finden lassen.

Was kommt da zeitlich auf mich zu?

Zeit ist seit jeher eine begrenzte Ressource, die jedoch in unserer heutigen schnelllebigen und hektischen Lebenswelt so wertvoll ist wie nie zuvor. Selbstverständlich müssen Sie mit dieser Ressource sorgfältiger haushalten als Ihre Kommilitonen, die sich neben dem Studium nur für einige wenige Stunden pro Woche einer – zumeist wenig stressigen – Nebentätigkeit widmen. Lassen Sie sich dadurch nicht entmutigen, denn im Gegensatz zu frischgebackenen Schulabgängern, die – kaum das Abitur in Händen – schon ein Studium beginnen, haben Berufstätige den ein oder anderen wichtigen Vorteil:

- Sie sind zielstrebiger und neigen, bedingt durch ihre beruflichen Verpflichtungen, weniger dazu, sich mit Nebensächlichkeiten und unwichtigen Details aufzuhalten,

- haben Erfahrung mit Druck- und Stresssituationen und lassen sich deshalb von nahenden Abgabeterminen weniger leicht aus der Ruhe bringen und
- haben im Berufsleben gelernt, sich selbst bestmöglich zu organisieren und die eigene Arbeitszeit sinnvoll einzuteilen.

Was den Zeitaufwand für ein nebenberufliches Studium angeht, lässt dieser sich nur schwer einschätzen, weshalb auf die Nennung genauer Zahlen an dieser Stelle bewusst verzichtet wird. Zu unterschiedlich sind die Anforderungen in den unterschiedlichen Studiengängen, zu individuell die Lerntempi der Studierenden. Gerade Letztere variieren sehr stark und nur Sie selbst können wissen, ob das Lernen Ihnen schon immer leicht fiel oder ob Sie seit jeher Schwierigkeiten damit haben. Auch Ihre Vorbildung wird eine wichtige Rolle spielen, da sich beispielsweise ein ausgebildeter Fremdsprachenkorrespondent mit einem Anglistik- oder Germanistik-Studium vermutlich leichter tut als ein Elektrotechniker. Dieser hingegen hat vermutlich Vorteile, wenn es an ein Physikstudium geht.

Seien Sie sich jedoch von vornherein darüber bewusst, dass akademische Grade sich nicht im Schnelldurchlauf erwerben lassen. Während nichtakademische Lehrgänge, die ihre Teilnehmer in der Regel auf eine einzige zentrale Abschlussprüfung vorbereiten, sich bereits mit einigen wenigen wöchentlichen Arbeitsstunden erfolgreich absolvieren lassen, sind akademische Studiengänge deutlich anspruchsvoller und aufwändiger.

Da ein nebenberufliches Studium an einer privaten Hochschule nicht nur inhaltlich, sondern auch hinsichtlich der Anforderungen identisch mit dem an einer staatlichen Hochschule sein muss, erfordert es prinzipiell einen ähnlichen Zeitaufwand. Dennoch zeigt die Erfahrung vieler Studierender, dass die straffere Organisationsstruktur an auf Berufstätige ausgerichteten privaten Hochschulen viel Zeit sparen kann. Am besten erkundigen Sie sich vorab an den Hochschulen Ihrer

Wahl über Regelstudiendauer und durchschnittlichen wöchentlichen Arbeitsaufwand. Verlassen Sie sich jedoch nicht einzig und allein auf deren Auskünfte, sondern fragen Sie gezielt bei ehemaligen Studierenden nach. Nahezu jede Hochschule unterhält ein Internetforum, in dem Sie derartige Fragen stellen können – die Antworten von Studierenden in ähnlichen Situationen ergeben vermutlich ein realistisches Bild.

(Wie) sag ich's meinem Arbeitgeber?

Sag ich's ihm überhaupt?

Persönliches Wachstum, berufliches Fortkommen und vermutlich auch noch ein Gehaltsanstieg – bislang klingt doch alles recht positiv. Die erste Hürde, vor der Sie stehen, wenn Sie ernsthaft mit dem Gedanken der Aufnahme eines Studiums spielen, ist Ihr Vorgesetzter beziehungsweise Ihr Arbeitgeber. Auch wenn es in den meisten Situationen angeraten ist, mit offenen Karten zu spielen, ist dies nur eine der Optionen, die Sie haben. Bitte denken Sie daran: Was Sie in Ihrer Freizeit tun, geht Ihren Arbeitgeber und Ihre Vorgesetzten zunächst einmal nichts an. Ob Sie nach Feierabend Sport treiben, sich mittelalterlichen Rollenspielen widmen oder eben Vorlesungen besuchen, sich auf Prüfungen vorbereiten und Hausarbeiten schreiben ist allein Ihre Sache.

Ihr Studienunterfangen nicht an die große Glocke zu hängen, ist vor allem dann sinnvoll, wenn es eine angestrebte berufliche Veränderung ist, die Sie antreibt. Andernfalls könnte sich Ihr Arbeitgeber – zu Recht – fragen, welchen Grund er hat, Sie während des stressigen, oftmals aufreibenden Spagats zwischen Studium und Beruf weiter zu beschäftigen, Sie unter Umständen dabei sogar zu unterstützen. Ihr Wunsch nach beruflicher Veränderungen treibt Sie doch höchstwahrscheinlich im Anschluss an Ihr Studium sowieso in die Arme eines Konkurrenzunternehmens. Nebenbei bemerkt: Auch der Wunsch, sich durch das Studium für die Position Ihres Vorgesetzten zu qualifizieren, sollte nur dann offen kommuniziert werden, wenn dessen Wunsch nach weiterem beruflichen Vorankommen und dem Finden eines geeigneten Nachfolgers offen kommuniziert wird.

Andererseits kann es sinnvoll sein, Vorgesetzte und Arbeitgeber über die eigenen Pläne zu informieren, wenn Sie realistischerweise Unterstützung und Entlastung erwarten können. Viele Arbeitgeber sehen sehr wohl die Vorteile, die aus der Fortbildungsbereitschaft und dem Wissensdurst eines Mitarbeiters resultieren, und kommen diesem mit einer flexiblen Gestaltung der Arbeitszeiten oder einer finanziellen Unterstützung (oftmals in Form von Materialunterstützung oder so genannter Erfolgsprämien) entgegen. Darüber hinaus existieren in der Mehrzahl der Bundesländer gesetzliche Regelungen für einen Bildungsurlaub:

Bundesland	gesetzliche Grundlage	Anspruchs-berechtigte	Freistellungs-anspruch
Baden-Württemberg	kein Bildungsurlaubsgesetz		
Bayern	kein Bildungsurlaubsgesetz		
Berlin	Bildungsurlaubsgesetz vom 24.10.1990	Arbeiter, Angestellte, Auszubildende	altersabhängig 5 oder 10 Arbeitstage pro Jahr

Brandenburg	Weiterbildungsgesetz vom 21.01.2005	Arbeiter, Angestellte, Auszubildende, in Heimarbeit Beschäftigte	10 Arbeitstage in zwei Jahren
Bremen	Bildungsurlaubsgesetz vom 18.12.1974	Arbeiter, Angestellte, Seeleute und Auszubildende	10 Arbeitstage in zwei Jahren
Hamburg	Bildungsurlaubsgesetz vom 16.04.1991	Arbeiter, Angestellte und Auszubildende	10 Arbeitstage in zwei Jahren
Hessen	Bildungsurlaubsgesetz vom 26.06.2006	Arbeiter, Angestellte und Auszubildende	5 Arbeitstage pro Jahr
Mecklenburg-Vorpommern	Bildungsfreistellungsgesetz vom 7.02.2001	Arbeiter, Angestellte, und Auszubildende (nicht Mitarbeiter des Öffentlichen Dienstes)	5 Arbeitstage pro Jahr
Niedersachsen	Bildungsurlaubsgesetz vom 17.12.1999	Arbeiter, Angestellte und Auszubildende	5 Arbeitstage pro Jahr
Nordrhein-Westfalen	kein Bildungsurlaubsgesetz		
Rheinland-Pfalz	Gesetz zur Freistellung von Arbeitnehmern zum Zwecke der Weiterbildung vom 30.03.1993	Arbeiter, Angestellte, Landesbeamte / Landesrichter	10 Arbeitstage in zwei Jahren

Saarland	Weiterbildungs- und Bildungsfreistellungsgesetz vom 16.02.2010	Arbeiter, Angestellte, Landesbeamte, Landesrichter und Auszubildende	3 Arbeitstage pro Jahr
Sachsen	kein Bildungsurlaubsgesetz		
Sachsen-Anhalt	Gesetz zur Freistellung von Arbeit für Maßnahmen der Weiterbildung vom 4.03.1998	Arbeiter, Angestellte und Auszubildende	10 Arbeitstage in zwei Jahren
Schleswig-Holstein	Bildungsfreistellungs- und Qualifizierungsgesetz vom 7.06.1990	Arbeiter, Angestellte, Landesbeamte, Landesrichter, Seeleute und Auszubildende	5 Arbeitstage pro Jahr
Thüringen	kein Bildungsurlaubsgesetz		

Tab. 4: Bildungsfreistellungsgesetze der Länder

Weitere Informationen – gerade auch zu den einzelnen Regelungen der Bundesländer – finden Sie zwar auch auf den Seiten der jeweiligen Landesvertretungen, übersichtlicher und nutzerfreundlicher jedoch sind die folgenden:

- http://www.bildungsurlaub.de
- http://de.wikipedia.org/wiki/Bildungsurlaub

Auf letzterer Internetseite finden Sie auch Links zu den Gesetzestexten der einzelnen Bundesländer.

Wie mach ich's ihm schmackhaft?

Wägen Sie im Vorfeld also gut ab, ob und in welcher Form Sie Ihren Arbeitgeber über Ihre neueste „Freizeitbeschäftigung" informieren. Auch wenn Sie zunächst mit Bedenken Ihrer Vorgesetzten rechnen müssen, lassen sich diese – gut vorbereitet – leicht zerstreuen.

In dieser letzten Aussage steckt eine wichtige Einschränkung: gut vorbereitet! In den wenigsten Fällen möchten Sie Ihren Vorgesetzten mit dem anstehenden Gespräch wirklich nur informieren. In den meisten Fällen hingegen haben Sie darüber hinaus noch andere Ziele: Vielleicht möchten Sie sein Verständnis, vielleicht jedoch auch die organisatorische und finanzielle Unterstützung Ihres Arbeitgebers. Verlassen Sie sich nicht darauf, dass Ihnen im Gespräch schon die richtigen Worte einfallen werden. In den meisten Fällen dürfte Ihr Vorgesetzter mehr Erfahrung mit Mitarbeitergesprächen und Verhandlungen haben als Sie. Darüber hinaus sind Sie vermutlich nicht der erste Mitarbeiter, der mit einem derartigen Anliegen an ihn herantritt. Bereiten Sie sich deshalb wirklich gründlich auf dieses Gespräch vor und seien Sie auf konkrete Rückfragen vorbereitet. Nichts ist peinlicher und kontraproduktiver als unvorbereitet und planlos zu erscheinen und mit einem offensichtlich unausgegorenen Vorhaben an Ihren Chef heranzutreten, den beispielsweise folgende Aspekte interessieren könnten:

- Welche Studieninhalte werden vermittelt?
- Wie stehen diese Inhalte im Zusammenhang mit Ihrer aktuellen Tätigkeit?
- Wie stehen sie in Zusammenhang mit der Tätigkeit des Unternehmens?
- Wie wird Ihr Arbeitgeber von Ihren neu erworbenen Kompetenzen profitieren?
- Wo im Unternehmen meinen Sie, Ihr im Studium erworbenes Wissen einsetzen zu können?

- Wo sehen Sie sich nach Abschluss Ihres Studiums?
- Wie häufig erfordern Präsenzzeiten Ihre Anwesenheit vor Ort?
- Wann finden diese Präsenzzeiten in der Regel statt?
- Weshalb meinen Sie, der Doppelbelastung aus Studium und Beruf gewachsen zu sein?
- Wie stellen Sie sich die Unterstützung durch Ihren Arbeitgeber konkret vor?

Darüber hinaus sollten Sie, wie auch bei jedem anderen Gespräch, sich vorab Ihre jeweiligen Ziele genau vor Augen führen und am besten schriftlich festhalten. Welche Zusicherungen müssten Sie seitens ihres Vorgesetzten erhalten, um das Gespräch als Erfolg zu betrachten?

Zeigen Sie Ihrem Vorgesetzten, dass Sie sich wirklich Gedanken gemacht haben und gut vorbereitet sind – so lassen sich seine Bedenken wohl am besten zerstreuen. Lesen Sie dazu außerdem in Kapitel 3 nach, wie Ihr Arbeitgeber von Ihrem Studium profitiert. Darüber hinaus können Sie ihm durch die folgenden Maßnahmen entgegenkommen:

- Wählen Sie einen Studiengang, der sich an den Bedürfnissen Ihres Arbeitgebers orientiert. Vermutlich erschließt sich Ihrem Vorgesetzten der Unternehmensvorteil nicht wirklich, wenn Sie sich als Investmentbanker einen Kindheitstraum erfüllen und einen zusätzlichen Studienabschluss als Meteorologe anstreben.
- Machen Sie Ihrem Arbeitgeber deutlich, dass sich das in Sie investierte Geld durch einen besonders kompetenten Mitarbeiter auszahlen wird, der zukünftig auch für Aufgaben in weiteren Fachgebieten qualifiziert sein wird. Sie bei Ihrem Studium zu unterstützen ist deutlich effizienter, als eine Reihe zusammenhangloser Fortbildungs- und Weiterbildungsveranstaltungen zu finanzie-

ren. Dies sollten Sie allerdings nur dann tun, wenn Sie vorhaben dem Unternehmen zumindest mittelfristig treu zu bleiben. Dann können Sie sogar anbieten, sich über die Studiendauer hinaus für das ein oder andere Jahr vertraglich zu binden.

- Mit zunehmender Studiendauer können Sie sich als Multiplikator zur Verfügung stellen, der im Studium erworbenes, unternehmensrelevantes Wissen in Form von internen Fortbildungsmaßnahmen an andere Mitarbeiter weitergibt.
- Darüber hinaus können Sie sich bereit erklären, Studienprojekte und Abschlussarbeiten an den Bedürfnissen des Unternehmens auszurichten, so dass Ihr Arbeitgeber davon profitiert. Vielleicht entwickelt sich daraus sogar eine Kooperation zwischen Unternehmen und Hochschule. Bei größeren Projekten und umfangreicheren Abschlussarbeiten, die sogar publiziert werden, bieten Sie an, Ihren Arbeitgeber dankend zu erwähnen.
- Verdeutlichen Sie Ihrem Arbeitgeber, inwiefern es zu seinem Renommee beiträgt, wenn Sie im Anschluss an das Studium in seinem Namen an Fachkonferenzen teilnehmen und auf Tagungen sprechen. Aus dem gleichen Grund können Sie auch anbieten, sich um eine Kooperation mit der Hochschule zu bemühen oder ihn auf Alumni-Veranstaltungen zu vertreten.

Ein abschließendes Wort noch: Finanzielle Unterstützung ist eine feine Sache – machen Sie Ihrem Arbeitgeber jedoch deutlich, dass dies bei Ihnen keine Priorität genießt. Wichtig ist Ihnen vor allem die organisatorische Unterstützung und der firmeninterne Rückhalt.

2 Kurz, knackig und konkret – wie gehe ich jetzt vor?

Ok, etwas weniger als 100 Seiten gelesen, eine Vielzahl neuer Informationen bekommen und die eine oder andere schlaflose Nacht gehabt – aber wie gehen Sie jetzt konkret vor? Wie finden Sie die für Sie passende Hochschule?

Am besten füllen Sie die folgende Checkliste aus. Natürlich kann diese Ihnen die Entscheidung nicht abnehmen, wird Ihnen allerdings eine große Entscheidungshilfe sein.

Schritt 1 – Rahmenbedingungen festlegen

Legen Sie zunächst die Rahmenbedingungen fest, unter denen Sie Ihr Studium absolvieren möchten. Dadurch erhalten Sie eine erste Orientierung und sortieren die ein oder andere Hochschule bereits aus.

- Wie teuer darf das Studium Sie kommen?
  Notieren Sie hier am besten den Betrag, den Sie monatlich maximal investieren wollen: _______ €
- Wie viel Zeit wollen Sie investieren?
  Studiendauer: ______ Jahre
  Wochenarbeitszeit: ______ Stunden/Woche
- Soll Ihre Hochschule akkreditiert sein und einen staatlich anerkannten akademischen Grad verleihen? Oder geht es Ihnen ausschließlich um die vermittelten Inhalte?

Ersteres ☐
Zweiteres ☐

- Welche Inhalte sollte das Studium vermitteln?
  Tragen Sie hier nach Möglichkeit keinen konkreten Studiengang ein, da Sie dadurch von vornherein zu viele Möglichkeiten ausschließen würde; bleiben Sie eher allgemein und nehmen Sie eine Art Brainstorming vor.

____

____

____

____

____

____

Schritt 2 – Mögliche Hochschulen finden

Sammeln Sie in diesem zweiten Schritt alle Hochschulen, die auch nur im Entferntesten eine Option für Sie darstellen könnten. Notieren Sie sowohl die Hochschulen in Ihrem Arbeits- und Wohnort als auch Fernstudienanbieter. Bei Ihrer Suche können Ihnen die folgenden Internetseiten helfen:

Für die Suche nach staatlichen und privaten Hochschulen stellt die Hochschulrektorenkoferenz eine Datenbank mit bequemer, übersichtlicher Suchfunktion zur Verfügung:

www.hochschulkompass.de

Für die Suche nach Fernhochschulen sollten Sie zusätzlich eine der folgenden Seiten nutzen, da diese im Hochschulkompass nur schwer zu finden sind:

www.fernstudium-finden.de

www.fernstudium-infos.de

www.studis-online.de

[a] ______________________________

[b] ______________________________

[c] ______________________________

[d] ______________________________

[e] ______________________________

[f] ______________________________

[g] ______________________________

[h] ______________________________

[i] ______________________________

[j] ______________________________

Schritt 3 – Die Qual der Wahl

Nachdem Sie nun sowohl Ihre Wünsche und Idealvorstellungen als auch Ihre Optionen kennen, lässt sich leicht(er) eine Auswahl treffen. Informieren Sie sich über die einzelnen Hochschulen und tragen Sie in die Tabelle ein. Bei der Beantwortung zweier Fragen sollten Sie jedoch besondere Vorsicht walten lassen:

Achten Sie bei den anfallenden Kosten darauf, nicht Semesterbeiträge mit Monatsgebühren zu vergleichen; außerdem fallen bei vielen Hochschulen und Fernhochschulen versteckte Gebühren für Prüfungen und Materialkosten an – übersehen Sie diese nicht.

Rechnen Sie bei dem wöchentlichen Zeitaufwand auch An- und Abfahrt mit ein – dies kann bei verkehrstechnisch ungünstig gelegenen Hochschulen und Studienzentren mehrere Stunden pro Tag ausmachen und unter Umstände gegen ein Abendstudium sprechen.

	Kosten in €/Monat	Zeitaufwand in Jahren	Zeitaufwand in Std./Woche	Akkreditierung	inhaltlich sinnvoll
[a]					
[b]					
[c]					

[d]	
[e]	
[f]	
[g]	
[h]	
[i]	
[j]	

Tab. 5: Bewertung der zur Verfügung stehenden Hochschulen

3 Ein Wort an Sie, liebe HR-Manager und Vorgesetzte

Hilfe! Mein Mitarbeiter wird zum Studierenden!

Liebe Mitarbeiter der Personalabteilungen, liebe Vorgesetzte, dass Sie an dieser Stelle bewusst angesprochen werden, wird Sie erstaunen. So wie dieses Buch beworben wird, so wie dieses Buch aufgebaut ist, hat es doch die Zielgruppe derer im Blick, die als Arbeitnehmer neben dem eigentlichen Beruf ein Studium absolvieren möchten.

Dennoch spielen Sie als Vertreter des Arbeitgebers selbstverständlich eine wichtige Rolle bei einem derartigen Vorhaben eines Ihrer Mitarbeiter. Nur allzu verständlich wäre es, wenn die Ihnen mitgeteilte Idee, neben dem Beruf auch noch studieren zu wollen, alles andere als Jubelstürme auslösen würde:

- Wird Ihr Mitarbeiter dann weiterhin gute Arbeit leisten oder wird seine Tätigkeit in Ihrem Unternehmen nicht neben dem doch sicherlich aufwändigen Studium zu kurz kommen?
- Wird er seine aktuellen Aufgaben überhaupt noch ernst nehmen? Eigentlich sieht er sich doch ganz anderen, anspruchsvolleren Tätigkeiten nachgehen?
- Laufen Sie unter Umständen Gefahr, einen hochqualifizierten Mitarbeiter mittelfristig an die Konkurrenz zu verlieren?
- Schielt Ihr Mitarbeiter mit seinem zusätzlichen Studium und der damit verbundenen Qualifikation nicht sogar auf Ihren Posten?

Ihre Bedenken sind selbstverständlich berechtigt. Allein die Tatsache jedoch, dass Ihr Mitarbeiter Sie über sein Studium informiert, ist positiv zu werten: er schenkt Ihnen Vertrauen. Darüber hinaus kann Ihr Unternehmen auf unterschiedliche Art und Weise von der neuen Situation profitieren, so dass für Sie und Ihren Mitarbeiter eine Win-win-Situation entsteht:

- Ihr Mitarbeiter wird die Gelegenheit haben, im Studium neu erworbene Qualifikationen und Kompetenzen direkt am Arbeitsplatz umzusetzen und dadurch neue Aufgaben zu erledigen oder qualitativ bessere Arbeit abliefern zu können.
- Ihr Unternehmen bleibt am Puls der Zeit und neue theoretische Konzepte finden Eingang in Ihre täglichen Geschäftsabläufe, ohne dass Sie teure Fortbildungen und Unternehmensberater benötigen.
- Das nebenberufliche Studium ist eine besonders belastende Situation für Ihren Mitarbeiter. Wenn Sie ihn dabei unterstützen, können Sie davon ausgehen, dass er sich durch höhere Loyalität und das Bemühen um noch bessere Leistung erkenntlich zeigen wird.
- Unter Umständen ist es möglich, dass Ihr Mitarbeiter das neue gewonnene Wissen in Form von firmeninternen, weitgehend kostenneutralen Fortbildungsveranstaltungen an seine Kollegen weitergibt. Diese durch Ihren Mitarbeiter gehaltenen Seminare und Kurse kommen Sie nicht nur deutlich günstiger, sondern sind auch mit weniger organisatorischem Aufwand und geringerer Vorlaufzeit verknüpft als die Buchung externer Experten. Sorgen Sie dafür, dass alle Abteilungen in Ihrem Hause von dem Wissen Ihres studierenden Mitarbeiters profitieren.
- Mit Sicherheit wird Ihr Mitarbeiter während des Studiums wichtige Kontakte knüpfen können, von denen Sie auf unterschiedliche Weise profitieren: abhän-

gig von der Art und Weise, wie Ihr Mitarbeiter Ihr Unternehmen darstellt, werden andere qualifizierte Absolventen Sie als Arbeitgeber in Betracht ziehen. Außerdem ist dieser Vorteil insofern nicht zu vernachlässigen als Ihr Unternehmen durch Ihren Mitarbeiter Zugang zum Alumni-Netzwerk der Hochschule erhält und Sie dadurch auch langfristig in Kontakt zu Absolventen treten und sich als attraktiven Arbeitgeber vorstellen können. Aber selbst wenn Sie nicht daran interessiert sind, über Ihren Mitarbeiter kompetente Absolventen zu rekrutieren, ergeben sich für diesen vermutlich Kontakte, die Ihnen bei der Zusammenarbeit mit anderen Unternehmen zugute kommen. Außerdem erhält er über andere berufstätige Studierende vielleicht sogar Einblick in Strategien, Abläufe und Ideen der Konkurrenz, die Sie in Ihrem Unternehmen übernehmen können.

- Vielleicht ist der Studienbeginn Ihres Mitarbeiters sogar ein willkommener Anlass, sich als Kooperationspartner der Hochschule zu positionieren. Dies kann nicht nur dem Aufbau eines positiven Images dienen, sondern auch eine effiziente Maßnahme beim Werben um neue Mitarbeiter, Kunden, Klienten und Geschäftspartner sein.

Angesichts dieser vielfältigen Vorteile, sollte das Interesse eines Mitarbeiters an einem Studium Vorgesetzte und Personalabteilung weniger ängstigen als vielmehr von diesen positiv aufgenommen werden. Statt sich Gedanken über potenzielle Schwierigkeiten zu machen, ist es eher sinnvoll, sich Gedanken darüber zu machen, wie Sie Ihren Mitarbeiter bei seinem Unterfangen unterstützen können.

Erst akzeptieren und jetzt auch noch unterstützen?

Ja, Sie haben richtig verstanden – Sie sollen das Studienvorhaben Ihres Mitarbeiters nicht nur akzeptieren, sondern ihn dabei zum Wohle des Unternehmens sogar unterstützen. Bringen Sie Ihrem Mitarbeiter Wertschätzung entgegen und machen Sie ihm deutlich, dass er auf Ihr Verständnis und Ihre Unterstützung zählen kann. Dies tun Sie sowohl dadurch, dass Sie sich nach seinem Befinden und dem Fortgang des Studiums erkundigen, als auch durch die folgenden Einzelmaßnahmen:

Unter Umständen wollen Sie ihm die Möglichkeiten aufzeigen, die sich ihm durch sein Studium im Unternehmen eröffnen – vielleicht ist die Beförderung auf eine angestrebte Stelle – bei entsprechenden Leistungen und unter Umständen auf Probe – ja sogar schon während des Studiums möglich? Machen Sie Ihrem Mitarbeiter jedoch auch klar, was Sie sich seitens des Unternehmens von seinem Studium erhoffen.

Während des gesamten Studiums – zumindest während besonders intensiver Prüfungszeiten – kann eine Reduktion oder Flexibilisierung der Arbeitszeit Ihren Arbeitnehmer entlasten. Bereits zwei oder drei Stunden pro Woche, die im täglichen Arbeitsprozess leicht aufgefangen werden können, helfen Ihrem Mitarbeiter enorm weiter und zeigen Ihre Wertschätzung. Flexible Arbeitszeiten wie auch ein Home-Office-Tag eröffnen dem Studierenden die Möglichkeit, auch tagsüber oder am frühen Abend Lehrveranstaltungen zu besuchen.

Die Option, bereits sehr früh am Morgen am Arbeitsplatz zu sein oder bis tief in die Nacht hinein zu arbeiten, wird gerne von besonders ehrgeizigen Arbeitnehmern gezogen – genau von der Gruppe, die über nebenberufliche Weiterbildung in Form eines Studiums nachdenkt. Unter Umständen kann auch die Arbeitsverteilung für die Dauer des Studiums variiert und Ihr Mitarbeiter von einzelnen Aufgaben freigestellt werden.

Dem Mitarbeiter Fahrt- und Übernachtungskosten zu finanzieren mag für Ihr Unternehmen ein nur geringer, steuerlich sogar absetzbarer finanzieller Aufwand sein – kann für Ihren Mitarbeiter hingegen eine große Hilfe sein. Gleiches gilt auch für die Studiengebühren, die einzelne Unternehmen bereitwillig für Ihre Mitarbeiter übernehmen. Darüber hinaus loben einzelne Arbeitgeber eine Art „Erfolgsprämie" für das erfolgreiche Absolvieren des Studiums aus.

Geben Sie dem studierenden Arbeitnehmer die Möglichkeit, das neue, universitär erworbene Wissen direkt im Berufsalltag umzusetzen und in der Praxis anzuwenden. Dies bedeutet nicht nur für ihn einen zusätzlichen Motivationsschub, sondern liegt außerdem im Interesse Ihres Unternehmens. Eventuell ergeben sich sogar Kooperationsprojekte mit der Hochschule oder eine umfangreiche Abschlussarbeit lässt sich im Rahmen eines Projektes in Ihrem Haus schreiben. So profitieren beide Seiten davon.

4 Die Umsetzung – Erfolg im Beruf *und* Erfolg im Studium

Hat es Ihnen der erste Teil dieses Buches erleichtert, die Entscheidung für das richtige Studium und vor allem für die richtige Studienform zu treffen, hält der nun folgende zweite Teil wertvolle Ratschläge für Sie bereit, die Ihnen das Studium erleichtern und Sie zum bestmöglichen Erfolg führen können. Dies ist insofern besonders wichtig, als Sie als nebenberuflich Studierender vor besonderen Herausforderungen stehen und noch ökonomischer und effizienter arbeiten müssen als andere. Weitere Ratschläge und ausführliche Tipps finden sich in *Studieren mit Köpfchen*, ebenfalls erschienen in der utb-Reihe.

Die folgenden Inhalte basieren auf drei Säulen, die in der Arbeit mit Studierenden als zentrale Faktoren für erfolgreiches Studieren ausgemacht wurden.

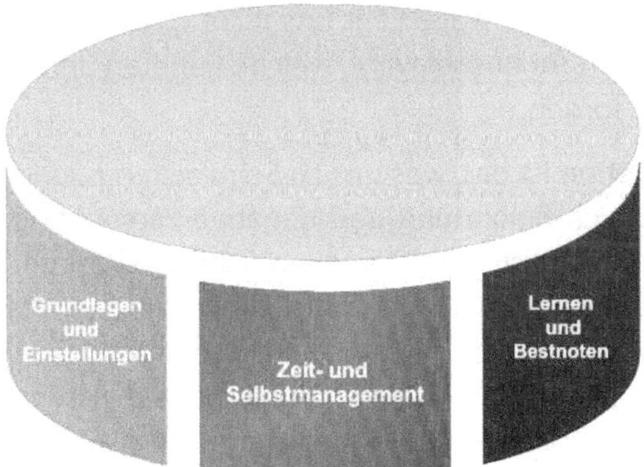

Unter der Überschrift *Grundlagen und Einstellungen* erfahren Sie etwas über die zentralen Erfolgsfaktoren Motivation, Ziele setzen, Konzentration und Umgang mit Stress und lernen, diese zu Ihrem Vorteil zu nutzen.

Die zweite Säule *Zeit- und Selbstmanagement* konzentriert sich auf ausgewählte Techniken, die in meinen Seminaren gerade von nebenberuflich Studierenden als besonders hilfreich bewertet wurden.

Lernen und Bestnoten gibt Ihnen einen Einblick in effizientes Studieren und hilft Ihnen, Ihre Studienleistungen zu steigern.

Die Grundlagen

Die wichtigste Voraussetzung: Motivation

Extrinsische und intrinsische Motivation?

Wenngleich Psychologen heute davon ausgehen, dass jegliche Form der Motivation intrinsisch fundiert ist, wollen wir uns nicht mit derartigen Haarspaltereien aufhalten. Vielmehr ist für uns relevant, welche äußeren und inneren Faktoren für unsere Motivation sorgen.

Extrinsische Motivation ist das, was uns zu Schulzeiten häufig begegnete – positive Verstärkung durch Belohnung und negative Verstärkung durch Strafe oder Zwang. So wird einem leistungsschwachen Schüler von den Eltern für den Fall, dass er die Versetzung doch noch schafft, ein Fahrrad in Aussicht gestellt. Hier wird ein motivationsadäquater Verstärker eingesetzt, der mit den schulischen Leistungen in keinem direkten Zusammenhang steht. Einen anderen, ebenfalls leistungsschwachen Mitschüler versuchen seine Eltern auf andere Weise zu motivieren – sie drohen ihm, ihn von der für den Sommer anstehenden Urlaubsreise mit der Jugendgruppe abzumelden (negativer Verstärker), falls seine Noten sich nicht bessern. Mit Bedacht angewandt, hilft diese Form der Motivation seit Tausenden von Jahren, Kinder und Jugendliche zum Lernen zu bringen.

Die Schulzeiten jedoch haben Sie bereits hinter sich gelassen und im Studium wird Ihnen vermutlich niemand ein Fahrrad für ein gutes Examen versprechen – die Sache mit dem Porsche von Papi für das Prädikatsexamen lassen wir einmal unter den Tisch fallen. Nun ist es an Ihnen, sich zu motivieren. Neugierde auf neues Wissen, das Interesse an neuen Sachverhalten, das Streben knifflige Aufgaben zu lösen und Herausforderungen zu überstehen sind es in der Regel, die Studierende antreiben.

Dies bedeutet für Sie, dass Sie sich unter Umständen zum ersten Mal in Ihrer Bildungslaufbahn entscheiden müssen, entweder nur das Nötigste zu tun oder aber Ihr Bestes zu geben. Besonders gut funktioniert dies mit den folgenden Regeln für maximale Motivation:

Die glorreichen Sieben – goldene Regeln zu maximaler Motivation

[1] **Setzen Sie sich Ziele!**
Seien Sie dabei allerdings realistisch und achten Sie darauf, dass die von Ihnen angepeilten Ziele unter den gegebenen Bedingungen tatsächlich erreichbar sind. Wie Sie sich durch das Setzen von Zielen motivieren und welche Ziele die richtigen sind, erfahren Sie auf den nächsten Seiten.

[2] **Belohnen Sie sich!**
Immer dann, wenn es Ihnen gelungen ist, eines Ihrer Ziele zu erreichen, sollten Sie sich belohnen. Ein leckeres Abendessen mit Freunden oder ein gemütlicher Abend vor dem Fernseher oder in der Badewanne kostet Sie nicht viel Zeit, hält jedoch die Motivation hoch. Dies gilt vor allem dann, wenn das

eigentliche große Ziel – der Studienabschluss – noch in weiter zeitlicher Ferne liegt.

[3] **Gehen Sie mit Rückschlägen positiv um!**
Egal wie sehr Sie sich bemühen – früher oder später werden auch Sie Rückschläge erleben. Stellen Sie sich von vornherein darauf ein und lernen Sie, mit diesen umzugehen.

[4] **Denken Sie positiv!**
Nutzen Sie die Kraft des positiven Denkens und glauben Sie an sich selbst. Führen Sie sich in schwierigen Situationen immer vor Augen, was Sie bereits geschafft haben, welche Prüfungen und Leistungsnachweise Sie bereits erfolgreich hinter sich gebracht haben.

[5] **Suchen Sie Unterstützung!**
Teilen Sie sich und Ihre Ziele Ihren Freunden und Vertrauten mit. Nur wenn Ihr Umfeld weiß, was Sie antreibt und was Sie anstreben, kann es Sie dabei unterstützen.

[6] **Sagen Sie „Nein"!**
Lernen Sie „Nein" zu sagen zu all den Versuchungen, die Sie von Ihrem Weg abbringen. Gerade als neben dem Beruf Studierender müssen Sie mit Ihren Kräften und Ihrer Zeit haushalten. Überlegen Sie genau, womit Sie diese verbringen. Lernen Sie aber auch „Nein" zu sagen zu Personen, die Ihnen wieder und wieder Aufgaben aufbürden.

[7] **Reflektieren Sie Ihr Handeln!**
Nehmen Sie sich die Zeit, Ihre Fortschritte, Ihre Erfolge, aber auch Ihre Miss-

erfolge zu analysieren und sich bewusst Gedanken über das weitere Vorgehen zu machen. Lassen Sie sich dazu auch Feedback von einer Ihnen vertrauten Person geben oder tauschen Sie sich mit anderen Studierenden aus.

Ziele setzen – Ziele erreichen

Keine Ziele = keine Motivation = kein Erfolg

Bei seiner dritten Wahl zum Weltfussballer des Jahres überraschte der Portugiese Cristiano Ronaldo die Öffentlichkeit mit einem von Zeitungen als „Brunftschrei eines Hirschs" titulierten Röhren. Die ihm überreichte Trophäe in die Höhe reckend ließ er die Welt wissen, mit dieser Ehrung sei er seinem Ziel, der beste Fußballer aller Zeiten zu werden, ein gutes Stück näher gekommen. Sicherlich polarisiert Christiano Ronaldo, doch selbst kritische ehemalige Trainer und Mitspieler bestätigen:

> *Kaum ein Spieler trainiert so hart und arbeitet so verbissen an den eigenen Schwächen wie Ronaldo.*

In anderen Worten:

Sein Ziel, der beste Fußballer aller Zeiten zu werden, motiviert den Portugiesen und treibt ihn zu Höchstleistungen an.

Machen Sie die Probe aufs Exempel und wählen Sie eine beliebige Person aus Ihrem direkten Umfeld, die in einem Bereich herausragende Leistungen bringt. Dies muss nicht unbedingt ein besonders leistungsstarker Sportler sein – auch der erfolgreiche Unternehmer, der Studierende mit Prädikatsexamen oder der Hobbykoch auf Sterneniveau sind geeignet. Fragen Sie Ihren Bekannten, woher dieser seine Motivation bezieht. Wenn Sie seine Antwort genau analysieren, werden Sie erkennen: Es sind die Ziele, die ihn motivieren und antreiben!

Deutlich formuliert:

> *Das Vorhandensein von Zielen ist unbedingte Voraussetzung für Motivation und Erfolg!*

Die richtigen Ziele setzen

Schön und gut – doch wie müssen Ziele beschaffen sein, um Sie tatsächlich motivieren zu können? Hier bietet sich die SMART-Formel an:

- S = Specific (spezifisch)
  Eine spezifische Zielangabe, die keinen Raum für Spekulationen und Interpretationen lässt, stellt sicher, dass Ihnen kein Raum für Selbstbetrug bleibt. Ein „besonders gutes Examen" mag toll klingen, ist jedoch nicht wirklich eindeutig. Streben Sie angesichts dieses Ziels tatsächlich nach der 1,0 oder geben Sie sich bereits mit einer „glatten" Zwei zufrieden?

- M = Measurable (messbar)
  Nur messbare Ziele lassen sich auch wirklich erreichen und motivieren Sie. Allein das Ziel abzunehmen wird Ihnen auf dem Weg zu Ihrer Idealfigur nicht wirklich weiterhelfen. Vielmehr werden Sie selbstverständlich Ihr Ausgangsgewicht feststellen und sich ein messbares Ziel setzen: „Ich will 5 kg abnehmen." Messbare Ziele ermöglichen es Ihnen auch, Irrwege schnell zu erkennen und gegenzusteuern. Wenn der Diätwillige aus unserem Beispiel nach einer Woche zwei Kilogramm zugenommen hat, wird er erkennen, dass die zum Einsatz kommende Diät nicht wirklich funktioniert – er wird einen anderen Weg einschlagen.

- A = Attractiv (attraktiv)
  Bei diesem Aspekt handelt es sich um ein wenig konkretes, eher weiches Kriterium. Dennoch ist es besonders wichtig. Können Arbeitnehmer sich nicht mit den vorgegebenen Zielen identifizieren, sinken Motivation und Produktivität deutlich. Dies zeigt sich vor allem bei Studierenden, deren Studium beziehungsweise Studienwahl eher Ausdruck des elterlichen Wunsches ist, als eigenen Interesses.
- R = Realistic (realistisch)
  Ehrgeiz und hochgesteckte Ziele sind nur dann positiv, wenn sie dennoch realistisch sind. Als Beginner in einem Kurs für Mandarin trägt das Ziel, am Ende des Semesters eine große chinesische Tageszeitung zu lesen, nicht zu Ihrer Motivation bei – Sie werden es zwangsweise verfehlen!
- T = Time Framed (terminiert)
  Irgendwann die Grundlagen der Betriebswirtschaftslehre verstanden zu haben, ist nicht wirklich zielführend – im Idealfall beherrschen Sie diese spätestens am Vorabend der Klausur. Setzen Sie sich für die Erreichung Ihrer Ziele präzise, aber realistische Fristen.

Und jetzt konkret

Nehmen Sie sich zu Beginn eines jeden Semesters einen ganzen Nachmittag oder wenigstens einen Abend Zeit, um die Ziele für das beginnende Semester festzulegen. Halten Sie sich dabei an die SMART-Formel und denken Sie an alle Bereiche:

- Welche Lehrveranstaltungen möchten Sie belegen?
- Welche Prüfungen möchten Sie ablegen?
- Welche Noten sollen dabei erzielt werden?

- Möchten Sie sich im Bereich Sozialkompetenz weiterentwickeln? Beispielsweise Ihren Freundeskreis erweitern? Sich endlich im Small Talk weiterentwickeln?
- Haben Sie persönliche Ziele, die unter Umständen nichts mit dem Studium zu tun haben? Vielleicht möchten Sie das Rauchen aufgeben? Oder endlich wieder regelmäßig Sport treiben?

Ausgehend von diesen Semesterzielen können Sie sich Woche für Woche Teilziele setzen. Wenn für das Erreichen des Semesterziels „Bestehen der Einführung in die Neuere Deutsche Literaturwissenschaft" eine Seminararbeit anzufertigen ist, könnten Ihre Wochenziele beispielsweise folgendermaßen lauten:

- Einlesen in die Thematik meiner Seminararbeit in der Universitätsbibliothek
- Ausleihen vorhandener Bücher – Bestellen der nicht vorhandenen Bücher
- Erstellen einer Grobgliederung

Lassen Sie es zum Ritual werden, jeden Sonntag Ziele für die kommende Woche zu formulieren und schriftlich festzuhalten. Dies werden in den meisten Fällen Teilziele sein, bei denen Sie bitte auch die SMART-Kriterien anlegen. Nur so können Sie am Ende der Woche entscheiden, ob diese erreicht wurden oder nicht.

Eine der letzten Tätigkeiten, bevor Sie abends zu Bett gehen, sollte stets das Schreiben einer To-do-Liste für den kommenden Tag sein. So können Sie früh morgens aufstehen und sofort loslegen. Sie werden keine Zeit vertrödeln mit der Planung des Tages, sondern haben die erste wichtige E-Mail unter Umständen schon geschrieben, bevor die Kaffeemaschine warm gelaufen ist.

Nutzen Sie diesen Moment am Ende eines Tages auch, um die vergangenen 24 Stunden kurz Revue passieren zu lassen. Was ist gut gelaufen, wo haben Sie Raum für Verbesserungen? Überprüfen Sie genau, welche Tagesziele erreicht wurden und welche noch nicht von der Liste gestrichen werden können.

All diese nach der SMART-Formel formulierten Ziele haben eines gemeinsam: Sie können eindeutig erreicht werden und lassen sich deshalb abhaken! Probieren Sie es aus – vermutlich werden Sie überrascht sein, wie motivierend es am Ende eines Tages, einer Woche oder des Semesters ist, einen Haken hinter die ursprünglich gesetzten Ziele setzen zu können!

Ohne Konzentration kein Lernerfolg

Egal, ob schriftliche Arbeiten anzufertigen sind, Referate vorbereitet werden oder für eine Klausur gelernt wird – einer der zentralen Faktoren, der über Erfolg und Misserfolg entscheidet, ist die Konzentration. Egal, wie viel Zeit und Mühe Sie investieren, solange es Ihnen nicht gelingt, die notwendige Konzentration aufzubringen und über einen längeren Zeitraum aufrecht zu erhalten, werden Ihnen herausragende Leistungen allerhöchstens durch Zufall gelingen.

Wie ist es um Ihre Konzentration bestellt?

Lassen Sie uns an dieser Stelle überprüfen, wie es um Ihre Konzentration bestellt ist. Bearbeiten Sie dazu den folgenden Fragebogen. Seien Sie dabei bitte ehrlich zu sich und hinterfragen Sie sich und Ihr Arbeitsverhalten genau. Kreuzen Sie die Aussagen an, bei denen Sie sich selbst wiederfinden. Dabei gilt:

- 1 = trifft überhaupt nicht zu
- 2 = trifft teils teils zu
- 3 = trifft voll und ganz zu

Aussage			
Häufig investiere ich viel Zeit in meine Studiertätigkeit, denke mir aber hinterher: *So richtig effektiv war das ja nicht wirklich.*	1	2	3
Auch wenn ich mich auf Lernen oder Arbeiten konzentrieren möchte, checke ich ständig meine E-Mails und beantworte Textmitteilungen meiner Freunde.	1	2	3
Mein Arbeitsplatz ist übersät mit Stiften, Papieren und anderen Dingen und wirkt ständig so, als hätte „eine Bombe eingeschlagen".	1	2	3
Während des Lernens denke ich ständig an andere, noch unerledigte Aufgaben.	1	2	3
Sobald ich mich an den Schreibtisch begebe, gehen meine Gedanken auf Wanderschaft.	1	2	3
Nach Unterbrechungen habe ich Probleme, mich wieder auf meine eigentliche Tätigkeit zu konzentrieren.	1	2	3
Ich profitiere zu wenig von Vorlesungen und Lehrveranstaltungen – es fällt mir einfach zu schwer, den Dozenten zu folgen.	1	2	3
Meine Freunde und Angehörige werfen mir häufig vor, in Gesprächen abwesend zu sein und nicht wirklich zuzuhören.	1	2	3
Wenn ich einen anspruchsvollen Text lese, kann ich mich am Ende eines Absatzes häufig nicht an den Inhalt desselben erinnern.	1	2	3

Gespräche anderer stören mich in meiner Konzentration auf eine Aufgabe.	1	2	3
Egal wie konzentriert ich arbeiten möchte, meine Umgebung kann ich nicht völlig ausblenden.	1	2	3
Mehrseitige Formulare sind eine Qual für mich – am liebsten beginnen ich gar nicht erst damit sie auszufüllen.	1	2	3
Irrelevante Aspekte wecken beim Lernen mein Interesse und lenken mich von wichtigen Inhalten ab.	1	2	3
Häufig lese ich dieselbe Textstelle wieder und wieder, da ich meinen Fokus verliere und den Inhalt nicht wahrnehme.	1	2	3
In Gesprächen und bei Vorträgen verliere ich oft den Faden.	1	2	3
Während des Lernens und Studierens bin ich für jede Ablenkung dankbar.	1	2	3
Beim Lernen und Studieren langweile ich mich schnell.	1	2	3
Wenn mein Handy blinkt oder vibriert und eine eingehende Nachricht signalisiert, kann ich mich nicht einfach weiter auf mein Buch oder meine Unterlagen konzentrieren.	1	2	3
Schlüssel, Mobiltelefon aber auch Arbeitsunterlagen und Bücher verlege ich häufig und muss sie dann suchen.	1	2	3
Häufig ärgere ich mich im Nachhinein über begangene Fehler, da sich diese eigentlich leicht hätten vermeiden lassen.	1	2	3

Auswertung

weniger als 20 Punkte

An Konzentrationsproblemen wird Ihr Studium schon einmal nicht scheitern – anscheinend gehen Sie generell hochkonzentriert ans Werk und haben keine Probleme, Ihre Konzentration auch langfristig und auch bei wenig spannenden Aufgaben aufrecht zu erhalten.

21 bis 40 Punkte

Ihre Konzentration ist noch verbesserungswürdig. Optimieren Sie Ihren Studienerfolg, indem Sie sich gezielt um eine Steigerung Ihrer Konzentration bemühen.

41 bis 60 Punkte

Der kritische Faktor, der über Erfolg und Misserfolg Ihres Studiums entscheidet, scheint Ihre Konzentration zu sein. Arbeiten Sie gezielt daran – unter Umstände ist es sogar sinnvoll, einen Experten für AD(H)S bei Erwachsenen aufzusuchen.

Konzentrationsprobleme

Viele Studierende klagen über Konzentrationsmängel. Nur selten und mit großer Anstrengung gelingt es ihnen, sich auf die gerade anstehende Studientätigkeit zu konzentrieren, und selbst wenn sie viel Zeit investieren, sind sie mit den Ergebnissen ihrer Arbeit meist nicht zufrieden. Stetig haben sie das Gefühl: *Eigentlich wäre da doch mehr drinnen gewesen! Eigentlich ginge das doch noch besser!*

In der Regel sind es eine Handvoll externer und interner Faktoren, die Studierende daran hindern, konzentriert zu arbeiten:

externe Faktoren	interne Faktoren
ungünstige Lernumgebung (laute Geräusche, ungemütlicher Schreibtisch, schlechte Beleuchtung, unangenehme Raumtemperatur)	Müdigkeit, Schlafdefizit und schlechter Schlaf
Anrufe, eingehende E-Mails, Whatsapp-, Twitter- und Facebookbenachrichtigungen	Krankheit, Hunger, Durst und Tagträume
hereinplatzende Mitbewohner, Partner oder Freunde	Langeweile, mangelndes Interesse, niedrige Motivation
ein zu spannendes Fernsehprogramm oder Computerspiel	geistige Beschäftigung mit anderen, ebenfalls wichtigen Dingen

Tab. 6: Konzentrationsbehindernde Faktoren

Konzentrationsprobleme und der Saw-Blade-Effect

Als nebenberuflich Studierender haben Sie genug um die Ohren und stehen permanent unter Zeitdruck – gerade externe Störungen und Ablenkungen können Sie sich beim besten Willen nicht leisten. Der Anruf der besten Freundin kostet nur einige wenige Minuten, der Blick in Facebook oder Twitter lässt sich kurz und knapp halten und auch die eingehende E-Mail wird nur kurz überflogen – dennoch senken derartige Unterbrechungen Ihre Produktivität enorm. Der Grund hierfür ist der Sawblade-Effekt.

Dieser besagt, dass sich eine fünfminütige Unterbrechung des Lern- oder Arbeitsprozesses eben nicht dadurch ausgleichen lässt, dass die verpassten Minuten einfach an Arbeits- oder Lernzeit angehängt werden. Vielmehr benötigen Sie nach der Unterbrechung einige Zeit, bis Ihre Konzentration wieder so hoch ist wie vor der Störung. Häufig tritt die nächste Unterbrechung schon auf, bevor es Ihnen gelungen ist, sich erneut zu einhundert Prozent auf die Tätigkeit zu konzentrieren. Wie in Abbildung 3 gezeigt, sinkt Ihre Konzentration von Unterbrechung zu Unterbrechung weiter ab.

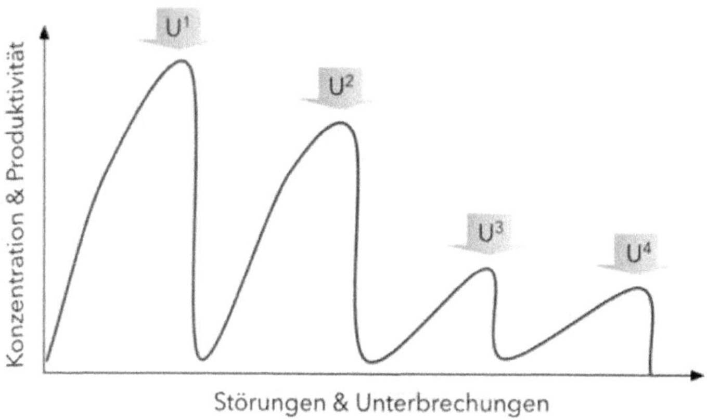

Abb. 3: Saw-Blade-Effect

Angesichts dieses Sachverhalts kann die Wichtigkeit einer von Ablenkungen und Störungen freien Lern- und Arbeitsumgebung gar nicht hoch genug geschätzt werden.

Dennoch neigen viele Studenten dazu, die Häufigkeit und Zeitdauer von Störungen und Unterbrechungen zu unterschätzen. Halten Sie sich deshalb in den nächsten Tagen die folgenden Fragen vor Augen; falls nötig notieren Sie in Stichpunkten oder führen eine Strichliste:

- Wie oft werden Sie unterbrochen?

- Wie lange dauern diese Unterbrechungen?
- Wie wichtig waren diese Unterbrechungen?

Minimieren Sie ab sofort Unterbrechungen und Störungen und stellen Sie somit sicher, dass Sie konzentriert und hoch produktiv arbeiten können:

Wenn Sie feststellen, dass Sie häufig vom Läuten des Telefons unterbrochen werden, entwickeln Sie eine effektive Strategie für dieses Problem. Während Sie für Ihr Studium lernen, an einer Hausarbeit schreiben oder ein Referat vorbereiten, sollte das Mobiltelefon ebenso abgestellt sein wie die automatische Benachrichtigung über eingehende E-Mails. Auch Liveticker der unterschiedlichen Nachrichtenseiten und Chats stören nur. Im beruflichen Umfeld ist es, je nach Tätigkeit, mehr oder weniger möglich, spezielle Phasen des Tages für hoch konzentriertes Arbeiten zu nutzen und das Telefon dabei stumm zu stellen. Bitten Sie die Anrufer in einer automatischen Ansage darum, ihre Telefonnummer zu hinterlassen. Rufen Sie zu einer Zeit zurück, die Sie für E-Mails, Telefonate und kurzen Austausch mit Kollegen reserviert haben. Unter Umständen kann es für Sie auch sinnvoll sein, in der Bandansage für dringende Fälle die Nummer Ihres Mobiltelefons anzugeben. Diese werden die meisten Anrufer nur in Ausnahmen verwenden.

Unangekündigte Besucher, die ein Schwätzchen halten wollen, sind Gift für Ihre Produktivität. Während Sie im privaten Umfeld Ihrem WG-Mitbewohner freundlich aber bestimmt sagen können, jetzt nicht gestört werden zu wollen, ist dies im Beruf häufig schwieriger. Doch auch hier werden die meisten Kollegen Verständnis haben, wenn Sie die Unterhaltung mit Verweis auf Ihre Arbeit auf später verschieben. Wenn dies in Ihrem Unternehmen möglich ist, führen Sie das Konzept der offenen Türe ein. Solange Ihre Türe offen steht, stehen auch Sie Ihren Kollegen zur Verfügung. Ist Ihre Türe jedoch geschlossen, arbeiten Sie hoch konzentriert an wichtigen Aufgaben und möchten ungern gestört werden.

Während diese Arten der Unterbrechung von Außenstehenden verursacht werden, gibt es weitere Störungen Ihrer Konzentration, die ausschließlich in Ihren Verantwortungsbereich fallen. Eine Phase höchster Produktivität unterbrechen Sie, da der Magen knurrt; beim Korrekturlesen Ihrer Seminararbeit bricht Ihr Bleistift ab und Sie suchen verzweifelt einen Anspitzer; in der Prüfungsvorbereitung benötigen Sie dringend eine Tasse Kaffee, um die Augen offen halten zu können – doch leider wollen die Kaffeebohnen erst aus der Bäckerei um die Ecke geholt werden.

Auch wenn Sie weder Kaffeetrinker sind noch in der schriftlichen Arbeit mit Bleistift korrigieren, so wissen Sie doch, was gemeint ist. Häufig führen mangelnde Organisation und schlechte Vorbereitung dazu, dass wir unsere Arbeit unterbrechen. Vermeiden Sie dies, indem Sie alles wirklich Benötigte bereitlegen, bevor Sie Ihr Mobiltelefon abstellen und mit der eigentlichen Arbeit beginnen. Ihre Studiertätigkeit beginnt also schon bevor Sie sich an den Schreibtisch setzen; sie beginnt mit dem Bereitlegen aller eventuell benötigter Dinge.

Umgang mit Stress

Gestresst – Was heißt das eigentlich?

Arbeiten, Studieren und ein Privatleben haben Sie vermutlich auch – machen Sie sich gefasst auf eine Zeit, die Ihr Leben wahnsinnig bereichern wird, die aber vermutlich nicht immer leicht sein wird. Vermutlich wird sich gerade in Ihrer Situation als nebenberuflich Studierender Stress nicht immer vermeiden lassen. Dies sollte aber auch gar nicht Ihr Ziel sein. Vielmehr sollten Sie versuchen, bestmöglich damit umzugehen und sich Ihr Wohlbefinden sowie Ihre körperliche und geistige Gesundheit zu erhalten. Doch was ist das überhaupt, Stress?

Genau betrachtet ist Stress nichts anderes als die Antwort des menschlichen Körpers auf besondere Anforderungen und Herausforderungen. Vereinfacht gesagt, verstärkt er dabei die Ausschüttung des Hormons Adrenalin und sorgt somit dafür, dass Herzschlag und Atmung sich beschleunigen und der Blutdruck steigt. In längst vergangenen Tagen haben diese Reaktionen dazu geführt, dass Gefahren wirksam begegnet werden konnte.

Aktuelle Herausforderungen jedoch lassen sich eher selten mit aggressivem Gebrüll und wild geschwungener Keule lösen, sondern erfordern zumeist einen kühle, klaren Kopf.

Nicht nur kontraproduktiv, sondern sogar gefährlich und gesundheitsschädigend wird Stress dann, wenn dieser chronisch auftritt und zum Dauerzustand wird. Ihr Körper wird sozusagen gezwungen, kostant am Limit zu arbeiten und auf Hochtouren zu fahren.

Anders als noch vor wenigen Jahrzehnten weiß die Forschung heute, dass nicht jede Art von Stress negativ ist, Vielmehr gilt es zwischen Eustress und Distress zu unterscheiden. Anders als Distress ist Eustress etwas für den Menschen sehr Positives. Eustress wird häufig durch eine sehr hohe Motivation und durch als Glücksmomente empfundene Erfolge ausgelöst und geht einher mit erhöhter Leistungsfähigkeit ohne schädigende Auswirkungen. Am deutlichsten zeigen sich die Unterschiede zwischen Distress und Eustress, betrachtet man deren Folgen:

Folgen von Distress	Folgen von Eustress
Ausgebranntsein	Vitalität
Müdigkeit, Lethargie, Antriebslosigkeit	Begeisterung, Energie
Ängste, Sorgen, Pessimismus	Optimismus, Sicherheitsgefühl
Probleme einzuschlafen, Schlaflosigkeit, nächtliches Erwachen	gesunder Schlaf
niedrige Produktivität	hohe Produktivität

Tab. 7: Folgen von Distress und Eustress

Ziel muss es also sein, negativen, potenziell gefährlichen Distress zu minimieren und Wege zu finden, mit ihm effizient umzugehen.

Sind Sie empfänglich für Stress?

Wie empfänglich für Stress sind Sie? Testen Sie sich selbst, indem Sie ankreuzen, in welchem Ausmaß die folgenden Aussagen auf Sie persönlich zutreffen.

Dabei gilt ...

- 1 = trifft überhaupt nicht zu
- 2 = trifft teils teils zu
- 3 = trifft voll und ganz zu

Aussage			
Dinge haben perfekt zu sein.	1	2	3
Anstehende Aufgaben muss ich persönlich erledigen.	1	2	3
Die Menschen sollten mir besser zuhören.	1	2	3
Scheitern ist ein absolutes No-Go.	1	2	3
Bitten kann ich anderen nicht ohne schlechtes Gewissen abschlagen.	1	2	3
Eher bestimmt mein Leben über mich als ich über mein Leben.	1	2	3
Ich muss ständig etwas zu tun haben, da ich mich ohne Aufgabe schnell langweile.	1	2	3
Wirklich zu entspannen fällt mir sehr schwer.	1	2	3
Über mich selbst zu lachen fällt mir sehr schwer.	1	2	3
Ich stehe kontinuierlich unter Erfolgsdruck.	1	2	3
Ich tendiere dazu, Dinge negativ und pessimistisch zu sehen.	1	2	3
Am Ende des Tages scheint meine To-do-Liste länger als noch am Morgen.	1	2	3
Geschlechtsverkehr ist häufig den Zeit- und Energieaufwand nicht wert.	1	2	3
Morgens komme ich kaum aus dem Bett.	1	2	3
Ich vermeide es, alleine zu sein.	1	2	3

Ich bin im Leben nicht dort angekommen, wo ich eigentlich sein sollte.	1	2	3
Ich fühle mich erschöpft und ausgebrannt.	1	2	3
Meine Meinung sage ich nur selten offen.	1	2	3
Ich verpasse Deadlines und Termine.	1	2	3
Meine Kommentare sind häufig zynisch und verletzend.	1	2	3

Tab. 8: Selbstevaluation Stress

Bei den 20 Fragen dieses Tests konnten Sie insgesamt ein Maximum von 60 Punkten erreichen, die eine Aussage über Ihre Empfänglichkeit für Stress ermöglichen. Addieren Sie dazu einfach alle 20 angekreuzten Werte. Auch bei diesem Testbogen kommt wieder die Ein-Drittel-Grenze zum Einsatz:

Auswertung

weniger als 20 Punkte

Meinen herzlichen Glückwunsch – Stress scheint für Sie kein wirkliches Thema zu sein. Selbst in problematischen Situationen werden Sie vermutlich kühlen Kopf bewahren. Probleme rational angehen und systematisch nach Lösungen suchen, das ist genau Ihre Stärke.

21 bis 40 Punkte

Stress ist für Sie im Normalfall kein Thema. Selbstverständlich können auch Sie von den auf den nächsten Seiten dargestellten Strategien und Methoden profitieren, doch laufen Sie noch nicht akut Gefahr, an chronischem Stress zu leiden.

41 bis 60 Punkte

Vorsicht! Geben Sie auf sich Acht und denken Sie an Ihre Gesundheit. Anscheinend sind Sie sehr empfänglich für Stress und lassen sich selbst von kleinen Hindernissen schnell aus der Ruhe bringen. Burnout, chronischer Stress und andere gesundheitliche Probleme drohen. Am besten integrieren Sie die ein oder andere der im Folgenden vorgestellten Strategien in Ihren Arbeits- und Studienalltag.

Die 10 Gebote erfolgreicher Stressbewältigung

Egal ob stark und dauerhaft unter Druck oder nur gelegentlich und leicht gestresst – die folgenden zehn Gebote erfolgreicher Stressbewältigung helfen Ihnen als nebenberuflich Studierendem durch die arbeitsintensive Zeit.

[1] **Lassen Sie Dampf ab – aber sinnvoll**

In stressigen Zeiten sind es in der Regel vor allem die sinnvollen Tätigkeiten, die leider viel zu kurz kommen: Sport und Training. Verzichten Sie in Zukunft darauf, Ihr Workout im Fitnessstudio oder die tägliche Joggingrunde im Park zu Gunsten von Arbeit oder Studium ausfallen zu lassen. Körperliche Aktivität kann wie ein Katalysator wirken und psychischem Stress wirksam entgegen wirken. Keuchend und nach Luft schnappend haben Sie nach einem intensiven Lauf wirklich anderes im Kopf als die noch zu schreibende Seminararbeit oder das anzufertigende Referat.

[2] **Essen und schlafen Sie gut**

Ein hohes Arbeitspensum geht bei vielen einher mit Schlafdefiziten und ungesundem Essen. Vergessen Sie aber nie, dass darunter Ihre Leistungsfähigkeit leidet. Bemühen Sie sich gerade in stressigen Zeiten, ausreichend Schlaf zu finden – beim Gros der Menschen sieben bis acht Stunden pro

Nacht. Sollte Stress Sie davon abhalten, abends einzuschlafen oder des Nächtens durchzuschlafen, sollten Sie dem gezielt entgegenwirken – probieren Sie es mit autogenem Training oder konsultieren Sie Ihren Arzt.

Ein kurzer Snack am Schreibtisch eingenommen, etwas Fastfood nach Ende des Arbeitstages und eine generell ungesunde Ernährung verschaffen Ihnen nur auf den ersten Blick einige zusätzliche Minuten, die Sie in anstehende Arbeit investieren können. Auf den zweiten Blick sinkt dadurch Ihre Produktivität entscheidend. Essen Sie (gerade) auch in arbeitsintensiven Lebensphasen regelmäßig und gesund.

[3] Verzichten Sie auf Pseudo-Hilfsmittel

Die Koffeintablette am späten Nachmittag, das Glas Wein am Abend und das gelegentliche Muskelrelaxans vor dem Zubettgehen – nur auf den ersten Blick helfen diese Mittelchen, die persönliche Leistungsfähigkeit zu steigern und zu entspannen.

In Wirklichkeit übertünchen Sie mit dem Einsatz derartiger Mittel nur die Symptome, nicht aber deren Ursache. Im schlimmsten Fall wird aus dem Glas Wein früher oder später eine Flasche und aus gelegentlich regelmäßig. Beugen Sie derartiger Suchtgefahr vor und verzichten Sie von vornherein auf den Einsatz chemischer Pseudo-Hilfsmittel.

[4] Erlernen Sie Entspannungstechniken und wenden Sie diese an

Chi Gong, Tai Chi oder progressive Muskelentspannung nach Jacobson – finden Sie den für Sie persönlich richtigen Weg um abzuschalten und zu entspannen.

Die Volkshochschulen bieten eine Vielzahl unterschiedlicher Kurse an und gerade in größerer Städten schießen Yogastudios wie Pilze aus dem Boden und richten Ihre Angebote gezielt an den Bedürfnissen gestresster Berufstätiger aus. Aber auch viele Arbeitgeber haben die Zeichen der Zeit erkannt und arbeiten zum Wohle ihrer Mitarbeiter mit Entspannnungstrainern und Fortbildungsinstituten zusammen.

[5] Verzichten Sie auf Multitasking

Mehrere Dinge gleichzeitig erledigen und dadurch Zeit sparen – Multitasking klingt verführerisch und galt für kurze Zeit als Zeichen hoher Produktivität und Belastbarkeit.

Mittlerweile haben unzählige Studien belegt, dass Multitasking gerade bei den komplexen Anforderungen in Beruf und Studium nicht funktioniert. Vielmehr führt schon der Versuch zu ziellosem Hin- und Herspringen zwischen den einzelnen Aufgaben, worunter Konzentration, Produktivität und Qualität der geleisteten Arbeit leiden.

Gehen Sie die Dinge der Reihe nach an und konzentrieren Sie sich ausschließlich auf die gerade auf der Agenda stehende Aufgabe. Auf diese Weise stellen Sie auch sicher, Aufgaben wirklich abschließen zu können und nicht an einer Vielzahl offener Projekte gleichzeitig zu arbeiten.

[6] Tun Sie anderen Gutes

Je größer die anstehenden Aufgaben und je größer der dabei empfundene Stress, desto schneller entwickeln wir eine Art Tunnelblick, konzentrieren uns ausschließlich auf unsere eigene Situation und vergessen dabei, nach rechts und links zu blicken.

Nehmen Sie sich deshalb von Zeit zu Zeit einen Augenblick, um anderen zur Hand zu gehen. Dies erweitert nicht nur Ihr soziales Netzwerk, sondern hilft auch, die eigene Situation distanzierter zu betrachten.

[7] Halten Sie Arbeit/Studium und Ihre Freizeit in Balance

Work-Life-Balance ist nicht umsonst eines der meist diskutierten Schlagwörter in Unternehmen – vielmehr war es nie zuvor so schwierig, die Balance zwischen den beruflichen Anforderungen und dem Privatleben zu halten.

Wenn Job und Studium Ihre einzigen Lebensinhalte sind, steuern Sie zielstrebig auf chronischen Stress und Burnout-Syndrom zu. Nehmen Sie sich vor allem auch in stressigen Phasen die Zeit für die schönen Dinge und die wichtigen Personen in Ihrem Leben. Schnell werden Sie merken, dass Sie nach einem schönen, mit Freunden oder dem Partner verbrachten Abend am nächsten Morgen deutlich leistungsfähiger sind und Ihnen die Dinge leichter von der Hand gehen.

[8] Akzeptieren, was unveränderbar ist

Egal ob alte, indianische Weisheit oder von Konfuzius höchstpersönlich – obgleich mittlerweile auf Kaffeetassen und Postkarten prangend kann der folgenden Aussage dennoch nicht widersprochen werden:

> *Habe die Kraft, die Dinge zu verändern, die du ändern kannst, und die Dinge hinzunehmen, die sich nicht ändern lassen.*

In anderen Worten: Sich über Dinge außerhalb Ihres Einflussbereiches zu beklagen und natürlich erfolgslos gegen Windmühlen zu kämpfen kostet Sie nur Kraft und steigert Ihren Stress. Verzichten Sie darauf.

[9] Reden Sie es sich von der Seele

Sorgen, Befürchtungen und Belastendes mitzuteilen und mit einer Vertrauensperson darüber zu sprechen kann ungemein hilfreich sein:

Einmal ausgesprochen verliert das Gespenst unter Umständen seinen Schrecken und Sie erkennen Ihre Befürchtungen als unnötig.

Zu zweit und gerade mit Hilfe eines Außenstehenden lässt sich vielleicht doch eine Lösung finden, auf die Sie alleine nicht kommen.

Aber auch ohne eine Lösung gefunden zu haben kann das Gespräch über belastende Faktoren Ihnen gut tun und Ihr Stressniveau senken.

[10] Geben Sie auch einmal nach

Dieses zehnte Gebot steht nicht umsonst ganz am Ende der Liste. Es handelt sich dabei um einen Ratschlag, der nicht ganz unumstritten ist, richtig verstanden und angewandt jedoch enorm zu einer Reduzierung Ihres Distress beitragen kann. Wenn es häufig inhaltliche Auseinandersetzungen mit Kollegen und Mitarbeitern sind, die Sie stressen, halten Sie einen Moment inne und analysieren Sie, ob es dies überhaupt wert ist.

Unter Umständen ist es sinnvoller, gelegentlich nachzugeben – Sie ersparen sich stressige, nervenaufreibende Auseinandersetzungen und Kämpfe. Achten Sie nur darauf, nicht zum Fähnlein im Winde, zum rückgratlosen Ja-Sager zu werden. Vermutlich können Sie sogar beobachten, dass Ihre Mitmenschen Ihre Kompromissbereitschaft schätzen lernen und in Zukunft auch häufiger von eigenen Positionen abzuweichen bereit sind.

Zeitmanagement und Selbstmanagement

Wie ist es bestellt um Ihre Zeit?

Um maximal von den einzelnen Techniken des Zeitmanagements zu profitieren, ist es notwendig, sich ganz genau zu kennen. Zu selten hinterfragen wir unsere Arbeitsweise, unseren Tagesablauf und unsere Gewohnheiten.

Nehmen Sie sich die Zeit und beobachten Sie sich während der kommenden Wochen genau. Wie viel Zeit verbringen Sie mit welcher Tätigkeit? Wo besteht Optimierungsbedarf? Wo vergeuden Sie wertvolle Zeit?

Tragen Sie Ihre Beobachtungen in die Liste ein. Gehen Sie dabei folgendermaßen vor:

- Spalte 1 – hier notieren Sie, wie viel Zeit Sie das einmalige Ausüben einer bestimmten Tätigkeit kostet
- Spalte 2 – hier schreiben Sie auf, wie oft Sie diese Tätigkeit ausüben; in den meisten Fällen ist hier bereits eine Vorgabe gemacht.
- Spalte 3 – hier berechnen Sie durch einfache Multiplikation, wie viele Stunden Sie Woche für Woche mit dieser Tätigkeit verbringen.

Aktivität	1	2	3
durchschnittlicher Schlaf pro Tag		x7	
Arbeitsstunden pro Woche		x1	
Fernsehen, Computerspiele und zielloses Surfen im Internet pro Tag		x7	
regelmäßige Aktivitäten wie Sport, Bandprobe etc.		x ___	
Wochenstunden für Socializing (Partys, Kaffeetrinken, Dating)		x1	
täglicher Zeitaufwand für Körperpflege wie Duschen, Rasieren, Schminke etc.		x7	

täglicher Zeitaufwand für Kochen und Essen	x7
wöchentlicher Aufwand für Einkäufe	x1
tägliche Autofahrt und Co. unter der Woche	x5
Autofahrt und Co. am Wochenende	x1
	x1
	x1

Tab. 9: Selbstevaluation Zeitaufwand

Addieren Sie abschließend die in Spalte 3 notierten Zeiten und subtrahieren Sie diese von 168, der Anzahl der Stunden einer Woche.

Anzahl der Wochenstunden minus meiner fest verplanten Stunden

168 – ______ = ______

Schon diese erste kleine Übung öffnet in der Regel vielen Studierenden die Augen: In den meisten Fällen ist man sich gar nicht bewusst, wie viel Zeit es kostet, nur einmal kurz die typischen Nachrichtenseiten im Netz aufzusuchen, nur schnell facebook zu checken oder wie viel Zeit – nicht nur die Damen – im Badezimmer verbringen. Nutzen Sie dieses Optimierungspotenzial! Erhöhen Sie die Zeit, die

Ihnen zum Lernen und Nachbereiten der Lehrveranstaltungen zur Verfügung steht!

Darüber hinaus erfahren Sie auf diese Weise, wie viel Zeit Sie überhaupt verplanen können, wie viel Zeit Ihnen für die einzelnen Tools des Zeitmanagements zur Verfügung steht. Im Folgenden werden Sie ausgewählte Techniken des Zeit- und Selbstmanagements kennenlernen; genau die Techniken, von denen Studierende und insbesondere berufstätige Studierende besonders stark profitieren.

Planen, Planen, Planen

Viele Studierende, gerade auch sehr engagierte, hoch motivierte Studierende, arbeiten und lernen zwar mit großem Eifer, tun dies jedoch wenig planvoll und zielgerichtet. Verabschieden Sie sich davon, wenn Sie es ernst meinen mit effizientem Zeitmanagement.

Die Wahrscheinlichkeit ist hoch, dass Sie bereits heute Planungshilfen in den unterschiedlichsten Varianten verwenden. Vielleicht nutzen Sie einen Wochen- und Monatsplaner, vielleicht haben Sie einen riesigen Jahresplaner in Postergröße hinter dem Schreibtisch hängen, vielleicht verwenden Sie das ein oder andere App auf Ihrem Smartphone. All diese Hilfsmittel sind gut und schön, helfen jedoch nur wenig, werden Sie nicht konstant und zielgerichtet eingesetzt.

Wenn Sie sich, wie oben empfohlen, Ziele gesetzt und nach der SMART-Formel formuliert haben, sollte es Ihnen leicht fallen, in Ihrem Monatsplaner einzutragen, bis wann Sie diese erreicht haben wollen – das T steht ja schließlich für *terminiert*. Von diesem Zeitpunkt aus zurückgehend tragen Sie Teilaufgaben und wichtige Etappen auf dem Weg zur Zielerreichung ein. Der Monatsplaner hilft Ihnen also, Ihre Ziele nicht aus den Augen zu verlieren und gibt Ihnen einen Überblick über anstehende Termine und Deadlines. Wichtig ist, dass Sie die Deadlines, die Sie sich selbst gesetzt haben, genau so zuverlässig einhalten wie externe von Vorgesetzten und Dozenten. Auf diese Weise behalten Sie stets den Überblick und können bereits im Vorfeld besonders arbeitsintensive, stressige Phasen identifizieren und vorarbeiten. Sollte also am Ende des Semesters die Abgabe Ihrer Bachelorarbeit anstehen, tragen Sie sich nicht nur diesen Termin ein, sondern ebenso die Zeiten, zu denen Sie die folgenden Teilaufgaben erledigt haben wollen:

- Recherchetätigkeit
- Literatursichtung
- Gliederung erstellen
- Schreiben (Kapitel für Kapitel)
- Korrekturlesen
- Korrekturlesen lassen
- Änderungen vornehmen und Anregungen einbauen
- Binden lassen

Auf Basis Ihrer Monatsplanung können Sie sich am Anfang einer jeden Woche eine To-do-Liste und einen Wochenplaner für die kommenden sieben Tage zusammenstellen. Am besten erledigen Sie dies sogar schon Sonntagabend, damit Sie montags ohne Verzögerung loslegen können. Selbstverständlich müssen Sie als berufstätiger Studierender zunächst Ihre Pflichttermine im Job ebenso wie Lehrveranstaltungen und andere Fixtermine eintragen. Über diese haben Sie keine Macht. Wenn Sie anschließend die diese Woche anstehenden Aufgaben eintragen, ist es wichtig, dass Sie die Zeit, die diese Sie kosten werden, möglichst genau abschätzen – und dann mit 1,5 multiplizieren. Dies dient dazu, einerseits Puffer für Unvorhergesehenes zu schaffen und trägt andererseits der Tatsache Rechnung, dass wir den Zeitaufwand meist unterschätzen.

ABC-Analyse und Pareto-Methode

Zwei sehr effiziente Techniken, die Ihnen bei der Erstellung von Monats- und Wochenplänen sowie To-do-Listen gute Dienste tun und gewährleisten, dass Sie nicht nur VIEL tun, sondern auch das RICHTIGE tun, sind ABC-Methode und Pareto-Regel. Beide werden an dieser Stelle gemeinsam vorgestellt, da sie auf ähnlichen Prinzipien basieren, sich gut verknüpfen lassen und beide sicherstellen, dass Sie Ihre Zeit sinnvoll investieren.

Die Pareto-Regel ist auch unter dem Namen 80-20-Regel bekannt und kommt nicht nur im Zeitmanagement, sondern auch in weiteren Bereichen zur Anwendung. Sie besagt nichts anderes, als dass 20 Prozent der aufgewandten Ressourcen – in Ihrem Fall Zeit und Energie – bereits 80 Prozent des Nutzens bringen. Die restlichen 80 Prozent, die Sie in der Regel in Seminararbeiten, Prüfungsvorbereitung und Ähnliches investieren, dienen lediglich dazu, die noch fehlenden 20 Prozent zu erbringen und vermeintliche Perfektion zu erreichen.

Hinterfragen Sie genau, ob es bei wirklich jeder Aufgabe notwendig ist, viel Zeit und Energie zu investieren, um diese tatsächlich perfekt zu erledigen. Bei genauer Betrachtung Ihrer To-do-Liste werden Sie schnell erkennen, dass tatsächliche Perfektion nicht immer notwendig ist, sondern dass manchmal bereits 80 Prozent mehr als ausreichend sind.

Hierzu das Praxisbeispiel einer Studierenden, die regelmäßig gegen Ende des Semesters in Zeitnot kam und wieder und wieder um Verschiebung von Abgabeterminen bat. Eine gemeinsame Analyse ihrer Situation ergab, dass sie in der Regel zwar wirklich sehr gute Seminararbeiten verfasste, sich jedoch unglaublich lange mit Nebensächlichkeiten befasste, die keinerlei Einfluss auf die Noten hatten. Stundenlangem Gestalten des passenden Titelblattes stand ein Kriterienkatalog entgegen, der unter dem Stichwort *Titelblatt* lediglich dessen formale Korrektheit, nicht jedoch dessen anspruchsvolle Gestaltung aufführte. Auch bei der Vorbereitung der Powerpoint-Präsentation zum zusätzlich zur Seminararbeit zu haltenden Referat wurde Perfektion angestrebt. Lange Nächte gingen schlicht dafür drauf, im Internet nach immer noch besser passenden Bildern zu suchen – und das, obwohl die Seminarnote explizit ausschließlich auf Basis der schriftlichen Hausarbeit vergeben wurde. Diese Studierende investierte wertvolle Zeit und Energie, um Perfektion zu erreichen, die keinerlei Einfluss auf ihre Note hatte! 20 Prozent ihrer Zeit hätten bereits ausgereicht, um sogar mehr als die üblichen 80 Prozent Nutzen zu ziehen.

Auch die ABC-Analyse geht davon aus, dass Arbeit und Zeit nicht wahllos, sondern gezielt investiert werden sollten. Sie unterscheidet Aufgaben unterschiedlicher Wertigkeit; Aufgaben, von denen Sie mehr profitieren, und Aufgaben, von denen Sie weniger profitieren.

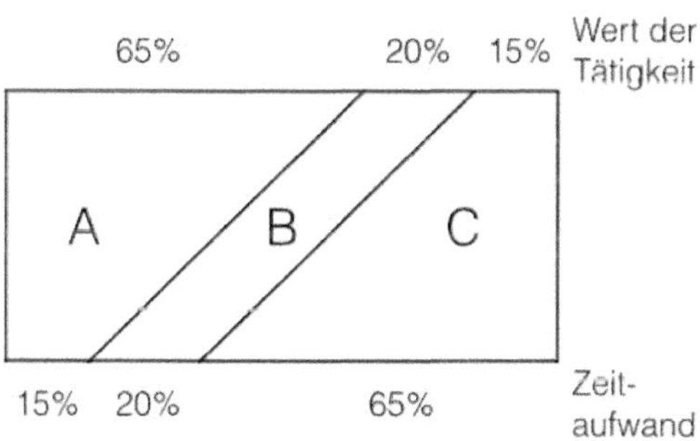

Abb. 4: ABC-Analyse

- Lassen Sie uns am besten in der Mitte bei den B-Aufgaben beginnen. Der Nutzen, den Ihnen diese Tätigkeiten bringen, entspricht genau der von Ihnen dafür aufgewendeten Zeit und Energie.

- Problematisch hingegen verhält es sich mit den C-Aufgaben. In diese müssen Sie sehr viel Zeit investieren, obwohl sie nur in geringem Maße zu Ihrem Erfolg beitragen.
- Besonders lohnend hingegen sind so genannte A-Aufgaben. Diese erfordern nur wenig Zeit oder Energie, bieten Ihnen jedoch einen hohen Nutzen.

Keine Frage – am besten konzentrieren Sie sich vor allem auf die A-Aufgaben, da Ihr Arbeitseinsatz bei diesen besonders stark belohnt wird. Meiden oder mit möglichst geringem Aufwand erledigen, sollten Sie hingegen die C-Aufgaben – diese kosten nur wertvolle Zeit und tragen kaum zu Ihrem Erfolg bei. Am besten behalten Sie dieses Konzept im Hinterkopf und notieren bei Erstellen einer To-do-Liste den entsprechenden Buchstaben hinter der jeweiligen Aufgabe.

ALPEN-Methode – Priorisieren, Strukturieren und endlich planen mit System

Wenn Sie sich über Ihre Ziele im Klaren sind, konstant unterschiedliche Planer einsetzen und sich der hinter ABC-Analyse und Pareto-Methode stehenden Prinzipien bewusst sind, kann Ihnen die ALPEN-Methode helfen, den Planungsprozess Tag für Tag systematisch zu durchlaufen:

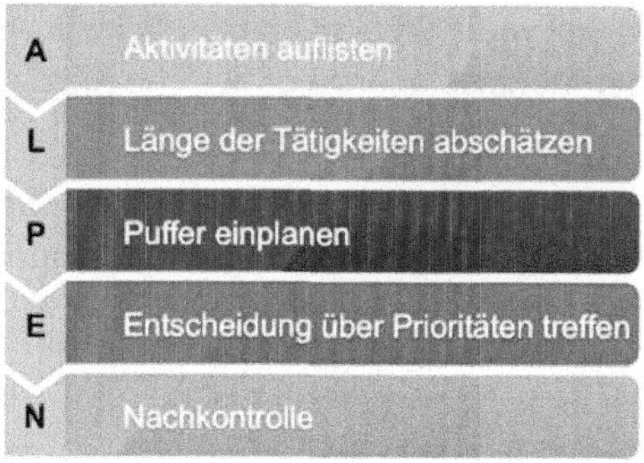

Abb. 5: ALPEN-Methode

Der erste Schritt der fünfschrittigen ALPEN-Methode ist bereits getan – Sie haben Ziele und anstehende Tätigkeiten festgelegt. Erfassen Sie dabei wirklich alle anstehenden Dinge, bevor Sie sich dem zweiten Schritt zuwenden.

In diesem zweiten Schritt geht es darum, den Zeitaufwand der einzelnen Tätigkeiten abzuschätzen. Achten Sie hierbei vor allem darauf, einen Mittelweg zu finden zwischen der vermutlichen Dauer einer Aktivität und der Zeit, die Sie zu investieren bereit sind. Gerade bei unwichtigen C-Aufgaben lohnt es sich, sich selbst ein besonders knappes Zeitlimit zu setzen, um diese so schnell wie möglich zu erledigen. Wenn Sie für die Vorbereitung einer unwichtigen Präsentation lediglich 30 Minuten eingeplant haben, haben Sie gar nicht die Zeit, unnötig lang an Sound- und Spezialeffekten herumzubasteln. Setzen Sie Ihre Zeit effizient ein und steigern Sie Ihre Produktivität.

Planen Sie unbedingt einen Zeitpuffer ein. Am besten in der Größenordnung von etwa 50 Prozent der anstehenden Aufgaben. So geraten Sie nicht unnötig in Stress, wenn eine Aufgabe länger als vermutet dauert oder Unvorhergesehenes geschieht. Sollte diese Zeit wider Erwarten tatsächlich zur Verfügung stehen – ein Blick auf Wochen- oder Monatsplaner zeigt, welche Kleinigkeit Sie noch schnell erledigen können.

Vergessen Sie bitte nicht den wichtigen, abschließenden Schritt und kontrollieren Sie am Ende des Tages nach, ob Ihre Planung aufgegangen ist. Auf diese Weise lernen Sie, Zeitbedarf besser und besser abzuschätzen.

Power-Hour – maximale Effizienz

Gerade in der besonderen Situation als Arbeitnehmer und Studierender müssen Sie mit Ihrer Zeit besonders gut aushalten. Umso kontraproduktiver und nerviger ist es wieder und wieder von Kleinigkeiten aufgehalten zu werden, die zwar nur wenig Zeit erfordern, aber dennoch getan werden müssen. Eine sehr effektive Möglichkeit, innerhalb kürzester Zeit möglichst viele anstehende Aufgaben zu erledigen, die To-do-Liste auszudünnen und den Tag selbst frei von kleinen und Zeit raubenden Tätigkeiten zu halten, ist die morgendliche Power-Hour. Vereinfacht gesagt handelt es sich hierbei um 60 Minuten, die Sie jeden Morgen hoch konzentriert arbeiten. Um von dieser Gewohnheit jedoch maximal zu profitieren, ist mehr notwendig, als sich einfach nur morgens an den Computer zu setzen und loszulegen:

Nehmen Sie sich bewusst die Zeit für diese eine morgendliche Arbeitsstunde. So seltsam es auch klingen mag, frühmorgens 60 zusätzliche Minuten zu arbeiten, bedeutet nicht 60 Minuten weniger zu schlafen. Mit Sicherheit findet sich in Ihrer morgendlichen Routine eine halbe Stunde, die sich einsparen lässt. Nehmen Sie Ihr Frühstück im Auto zu sich, legen Sie Ihre Kleidung bereits am Vorabend bereit und verzichten Sie auf Zeitungslektüre und Snooze-Funktion Ihres Weckers –

optimieren Sie Ihren Einstieg in den Tag. All dies sind keine angenehmen Veränderungen, müssen jedoch als Zugeständnisse an Ihren Erfolg gesehen werden. Immerhin bringen Sie in Studium *und* Beruf Bestleistung, während andere unter Umständen bereits an einem der beiden scheitern. Nach Abschluss Ihres Studiums können Sie die morgendliche Power-Hour gerne wieder abschaffen – so diese bis dahin nicht längst zur liebgewonnenen Gewohnheit geworden ist, auf die Sie nicht mehr verzichten möchten.

Stellen Sie sicher, dass Sie während dieser ersten und wichtigsten Arbeitsstunde des Tages auch wirklich hoch konzentriert arbeiten können: Stellen Sie deshalb Ihr Mobiltelefon ab, bitten Sie Partner oder Mitbewohner darum, Sie nicht zu stören und öffnen Sie Ihr E-Mail-Programm nur dann, wenn das Lesen, Beantworten oder Schreiben einer E-Mail Bestandteil Ihrer To-do-Liste ist. Näheres zum Umgang, vor allem natürlich auch zur Vermeidung von Störungen, finden Sie auch unter der Überschrift *Konzentration und der Saw-Blade-Effect*.

Beginnen Sie Ihre morgendliche Power-Hour möglichst unmittelbar nach dem Aufstehen. Selbst als Morgenmuffel und bekennender Langschläfer sollten Sie, sobald Sie das Bett verlassen haben, allerhöchstens noch die Kaffeemaschine anstellen und sofort loslegen. Verschieben Sie Frühstück, Dusche und somit den eigentlichen Tagesbeginn auf die Zeit nach Ihrer morgendlichen Arbeitsstunde. Führen Sie sich gar nicht erst in Versuchung, im Badezimmer so lange zu trödeln, bis Sie das Haus verlassen müssen, um zu Arbeit oder Vorlesung zu gehen.

Bereiten Sie Ihre Power-Hour schon am Vorabend vor und schreiben Sie eine To-do-Liste für die ersten 60 Minuten des Tages. Fassen Sie in dieser Liste Aufgaben zusammen, die zwar wichtig sind, sich jedoch in jeweils weniger als 10 Minuten erledigen lassen. Auf diese Art und Weise stellen Sie sicher, dass Ihr Arbeitsfluss während des Tages nicht von diesen Kleinigkeiten unterbrochen wird. Gleichzeitig garantiert diese Stunde höchster Konzentration, dass wichtige Aufgaben zuverlässig und hochqualitativ erledigt werden. Achten Sie darauf, auf Ihrer To-do-Liste nicht mehr Aufgaben zu notieren, als sich tatsächlich in 60 Minuten erledigen lassen. Lernen Sie, das eigene Arbeitstempo einzuschätzen, und nehmen Sie sich lieber eine Aufgabe zu wenig als zu viel vor. So stellen Sie sicher, dass die Liste am Ende der Stunde abgearbeitet ist und Sie mit einem Erfolgserlebnis in den Tag starten. Außerdem laufen Sie nicht Gefahr, die Power-Hour auszudehnen und mit absinkender Konzentration weiterzuarbeiten. Dies würde dem Konzept seine Effektivität nehmen.

Planen Sie Ihre ganz persönliche Power-Hour nach Möglichkeit für jeden einzelnen Tag der Woche ein, mindestens jedoch für jeden Werktag. Auf diese Art und Weise kommen Sie pro Woche auf mindestens fünf Arbeitsstunden und damit auf mehr als einen halben, hoch produktiven Arbeitstag.

Mit etwas Übung lässt sich das Instrument der Power-Hour auch einsetzen, um an größeren Aufgaben zu arbeiten. Zerlegen Sie diese in einzelne Teilschritte, so dass Sie in den zur Verfügung stehenden 60 Minuten erneut eine Vielzahl kleiner, wenig zeitaufwändiger Aufgaben erledigen. Bei der Anfertigung einer schriftlichen Hausarbeit kann dies das Korrekturlesen eines neuen Kapitels sein, in der Prüfungsvorbereitung das Ausdrucken von Lernkarten oder in der Vorbereitung auf einen Vortrag das Ergänzen einer PowerPoint-Präsentation mit geeigneten Bildern. Stellen Sie jedoch immer sicher, dass Sie am Ende, wenn Sie unter die Dusche schlüpfen und den eigentlichen Tag beginnen, alle Ziele für die Power-Hour erreicht haben.

Nutzen Sie die Macht der Serie

Die Macht der Serie lässt sich vor allem dann nutzen, wenn große, besonders zeitaufwändige Aufgaben anstehen. Bachelor- oder Diplomarbeiten, aber auch Prüfungen in ferner Zukunft, für die Sie sich sehr umfangreichen Lernstoff aneignen müssen, sind ideal dafür. Dieses Werkzeug ist in erster Linie für Aufgaben geeignet, die mit kontinuierlicher Arbeit und Beharrlichkeit bewältigt werden.

So nutzte *Jerry Seinfeld* die Macht der Serie, um zu einem der erfolgreichsten Comedians Hollywoods zu werden. In dem Moment, in dem er sich für dieses Berufsziel entschied, ging er mit sich selbst eine Verpflichtung ein: Ein Jahr lang wollte er jeden einzelnen Tag einen Witz, Gag oder Sketch erdenken und aufschreiben. Ihm war klar, wenn er diese Vereinbarung mit sich selbst einhalten würde, hätte er am Ende des Jahres die stolze Sammlung von 365 selbst erdachten Witzen und somit das Repertoire, das ihn zum Erfolg führen würde. Um die eigene Motivation hochzuhalten und sich selbst kontrollieren zu können, verwendete er einen Kalender, den er neben seinem Küchentisch an der Wand befestigt. Jeden Tag, an dem er einen Witz erdacht und notiert hatte, markierte er dort mit einem großen roten Kreuz. Als sich nach und nach Kreuz an Kreuz reihte, stieg seine Motivation kontinuierlich an, so dass selbst Krankheiten, Feiertage und beruflicher Stress ihn nicht davon abhalten konnten, einen Witz zu ersinnen und den Tag erfolgreich abzuschließen. Er wurde geradezu süchtig danach, einen weiteren Tag im Kalender ausstreichen zu dürfen, um die Serie auch ja nicht abreißen zu lassen

Grundlegende Voraussetzung, um die Macht der Serie zu nutzen, ist es, sowohl Ihr Endziel als auch all die auf dem Weg dorthin notwendigen Teilschritte genauestens zu kennen. Bei umfangreichen schriftlichen Arbeiten erledigen viele Studenten die Vorarbeiten sehr zügig: Es wird recherchiert und Literatur gesichtet, Bücher werden aus der Bibliothek entliehen und vorläufige Gliederungen und

Konzepte erstellt. Sobald jedoch diese Vorarbeiten erledigt sind, kommt die Arbeit häufig ins Stocken. Sich tatsächlich hoch konzentriert an den Schreibtisch zu setzen und Zeile um Zeile, Seite um Seite zu schreiben, stellt viele Studierende vor kaum zu überwindende Probleme. Dies ist nur allzu verständlich, da eine Bachelorarbeit mit 60 Seiten oder eine Masterarbeit mit 90 Seiten auf den ersten Blick wie ein kaum zu überwindendes, monströses Hindernis wirken. Egal wie fleißig Sie an Ihrem freien Tag arbeiten, egal wie gut Sie vorankommen, am Ende des Tages werden Sie nur ein Bruchstück der gesamten Arbeit fertig gestellt haben. Nutzen Sie die Kunst der Serie und treffen Sie eine Vereinbarung mit sich selbst: während der kommenden drei Monate werden Sie jeden einzelnen Tag 150 Wörter schreiben, komme was wolle. Krankheiten, Geburtstage und selbst Wochenendtrips mit Freunden werden Sie nicht daran hindern, am Ende des Tages 150 Wörter zu Ihrer Arbeit beigesteuert zu haben und den Tag im Kalender auszustreichen. Auf diese Weise werden Sie nach Ablauf der Frist 13.500 Wörter geschrieben haben – mehr, als die durchschnittliche Bachelorarbeit umfasst.

Die Macht der Serie verschafft Ihnen Ihr tägliches Erfolgserlebnis und lässt Sie den vermeintlichen Berg an noch bevorstehender Arbeit vergessen.

Jim Collins beschreibt in seinem Buch *Great by Choice* einen weiteren Vorteil dieser Technik anhand eines einleuchtenden Beispiels: Zu früheren Zeiten lieferten sich zwei Teams aus Abenteurern ein Rennen und wetteiferten, wer wohl zuerst den Südpol erreiche. Dabei kamen zwei vollkommen unterschiedliche Strategien zum Einsatz. Das erste Team absolvierte Tag für Tag 20 Meilen und schlug anschließend sein Nachtlager auf. Unabhängig von Stürmen und Unwettern konnten sie am Ende eines jeden Tages zurückblicken und wussten, sie hatten sich ihrem Ziel um 20 Meilen genähert. Das andere Team hingegen absolvierte bei gutem Wetter wahre Gewaltmärsche und legte an sonnigen Tagen zum Teil bis zu 60 Meilen zurück. War das Wetter aber schlecht, verließen sie ihr Nachtlager nicht, sondern harrten aus bis zum nächsten Sonnenschein. Letzten Endes gewann das erste Team das Rennen, erreichte den Südpol und kehrte wohlbehalten in die Zivilisation zurück, während das zweite Team den Südpol nie zu Gesicht bekam, sondern in der Kälte starb.

Ähnlich wie dieses zweite Team können auch Sie stets auf den richtigen Moment warten, um sich an den Schreibtisch zu setzen und endlich weiter an Ihrer Abschlussarbeit zu schreiben. Nur wird der richtige Moment bei einer derartigen Vorgehensweise nie kommen – stets werden Störungen und Hindernisse oder vermeintlich wichtigere Aktivitäten verhindern, dass Sie sich Ihrem Ziel entscheidend annähern. Die Macht der Serie hilft Ihnen, am Ball zu bleiben.

Parkinsons Law

Obwohl ursprünglich nicht ganz ernst gemeint und vor Ironie und Sarkasmus strotzend, haben es die Lehrsätze des Soziologen *Cyril Nothcote Parkinson* heute zu einiger Berühmtheit gebracht. Aus dem Bereich des Zeit- und Selbstmanagements ist vor allem der folgende bekannt:

Arbeit dehnt sich in genau dem Maß aus,
wie Zeit für ihre Erledigung zur Verfügung steht.

Dies bedeutet aus studentischer Sicht nichts anderes, als dass die Anfertigung einer Seminararbeit, die fristgerecht in 14 Tagen geschrieben werden könnte, dann ganze drei Monate dauern würde, wenn diese Zeit zur Verfügung stünde.

Zeitdruck sorgt dafür, gestellte Aufgaben auch tatsächlich gezielt anzugehen und zügig zu erledigen. Viele Studierende können ein Lied davon singen und schieben seit mehreren Semestern die eine oder andere schriftliche Hausarbeit vor sich her, da ihre Dozenten den Abgabetermin freigestellt haben.

Dies liegt nicht allein an Prokrastination und Bequemlichkeit, sondern hat auch einen ganz rationalen Grund: Je mehr Zeit für die Erledigung einer Aufgabe zur Verfügung steht, desto wichtiger scheint diese. Dies hat abstruse Auswüchse zu Folge, wenn mehr und mehr Zeit in eine kleine, die Abschlussnote kaum beeinflussende Aufgabe investiert wird, nur weil für deren Anfertigung ein ganzes Semester Zeit zur Verfügung steht.

Nicht ganz ernst gemeint, aber ein sinnvoller Denkanstoß ist von daher der folgende Tipp:

Wenn Sie eine Aufgabe bis zur letzten Minute aufschieben,
wird es auch nur eine Minute dauern, diese zu erledigen.

In der Praxis bedeutet Parkinsons Law für Sie, dass Sie nicht nur lernen sollten, Deadlines zu lieben, sondern sich und anderen diese auch ganz bewusst setzen sollten. Zwingen Sie sich dazu, gegen die Uhr anzukämpfen. Setzen Sie sich für anstehende Aufgaben selbst Fristen und gewöhnen Sie es sich an, diese auch einzuhalten. Gerade Letzteres wird in der Anfangszeit eventuell Probleme bereiten, sollte aber schon bald besser gelingen. Achten Sie darauf, sich einerseits realistische Fristen zu setzen, diese andererseits aber auch so eng zu formulieren, dass Sie nicht verleitet werden, sich zu lange Zeit zu lassen. Bei umfangreichen Aufgaben funktioniert dies am besten, wenn Sie diese in kleine Teilaufgaben zerlegen. So behalten Sie den Überblick und verzetteln sich nicht.

Parkinson für Studierende

Setzen Sie in den nächsten Wochen die folgenden Ratschläge um und integrieren Sie so Parkinsons Law in Ihren Alltag:

Notieren Sie auf Ihrer To-do-Liste hinter den einzelnen, eher unwichtigen Aufgaben die dafür in der Regel benötigte Zeit – und halbieren Sie diese! Setzen Sie sich selbst eine Deadline, die Sie bitte so ernst nehmen, als wäre diese von Ihrem Professor oder Ihrem Chef im Unternehmen gesetzt worden. Nutzen Sie den uns allen immanenten Wunsch, Herausforderungen erfolgreich zu bestehen, und fordern Sie sich aufs Äußerste. Verzichten Sie darauf, Abkürzungen zu verwenden, sich selbst zu betrügen und schlampig zu arbeiten. Wir wollen Zeit sparen, nicht Qualität!

Fassen Sie kleine Zeitfresser wie das Checken von E-Mails, das Lesen der Statusberichte von Freunden und das Studieren aktueller Headlines zusammen. Dies kostet zwar immer nur einige wenige Minuten, die sich im Laufe eines Studien- oder Arbeitstages jedoch schnell summieren. Statt hin und wieder je nach Lust und Laune einige Minuten damit zu vergeuden, nehmen Sie sich zwei- oder dreimal pro Tag die Zeit, dies gezielt zu tun. Setzen Sie sich dafür jedoch auch stets ein sehr enges Zeitlimit. Wichtige Nachrichten, die tatsächlich eine umfassende Reaktion Ihrerseits erfordern, können Sie auf Ihre To-do-Liste aufnehmen und terminieren.

Experimentieren Sie etwas mit Parkinsons Law und finden Sie den für Sie persönlich richtigen Weg. Achten Sie dabei auf den schmalen Grat zwischen ‚absolutem Minimum' und ‚nicht genug Zeit'.

Sag niemals nie – wie Sie lernen, „nein" zu sagen

Ein einfaches, kleines Wort, nicht einmal ein Fremdwort – doch so einfach es auch klingt, das Wort „nein" laut auszusprechen ist für viele der schwierigste Aspekt des Zeitmanagements; und einer der effektivsten.

Anderen Bitten abschlagen und Zusatzarbeiten ablehnen zu können, nicht ständig auf Abruf zur Verfügung stehen zu müssen, ist die grundlegende Kompetenz erfolgreichen Zeitmanagements. Solange Sie diese Fähigkeit nicht besitzen, werden Sie nur wenig von den anderen hier beschriebenen Tools profitieren. Der Grund dafür ist einfach: Sie können planen und priorisieren, so viel Sie wollen – es wird Ihnen nichts bringen, wenn Sie ständig Ihre Tages- und Wochenplanung über den Haufen werfen müssen, da Sie neue Aufgaben übernehmen und diese integrieren müssen. Mit anderen Worten: Egal, wie diszipliniert Sie ABC-Analyse und ALPEN-Methode einsetzen – es wird Ihnen nicht gelingen, konstant Ihre terminierten Aufgaben zu erledigen, wenn Sie ständig neue, unglaublich wichtige und dringliche Aufgaben übernehmen. Die Fähigkeit, nein zu sagen, gibt Ihnen Kontrolle über Ihre Zeit und Ihr Leben.

Gerade in Ihrer ganz speziellen Situation ist diese Fähigkeit von besonderer Wichtigkeit, da Bitten und Aufgaben von mehreren Seiten an Sie herangetragen werden:

- von Professoren und Dozenten,
- von Mitstudierenden und Lerngruppen, sowie
- von Kollegen und Vorgesetzten.

Doch weshalb haben die meisten Menschen ein Problem damit, nein zu sagen? Weshalb heben in jedem der von mir gehaltenen Seminare zum Zeitmanagement etwa ¾ der Teilnehmer die Hand, wenn ich frage, wem es schwer fällt? Weshalb berichten selbst erfolgreiche Führungskräfte davon, Aufgaben oder Bitten nicht oder nur schwer ablehnen zu können? Bei den Antworten auf diese Fragen kristallisieren sich drei Aspekte heraus:

- Angst vor Ablehnung
- Angst davor, andere zu enttäuschen
- Angst vor beruflichen Nachteilen, Angst vor Nachteilen im Studium

Diesen Ursachen können Sie begegnen, indem Sie sich vor Augen führen, wie irrational diese Ängste bei einem nachvollziehbaren „nein" sind. Wann haben Sie das letzte Mal tatsächlich „nein" gesagt und wurden in Folge dessen abgelehnt, als faul oder unkooperativ angesehen? Wann hat ein Nein tatsächlich Nachteile nach sich gezogen? Wenn Sie sich, was höchst wahrscheinlich ist, nicht erinnern können, dann probieren Sie es doch einfach einmal aus! Sagen Sie „nein" – lassen Sie sich überraschen, wie verständnisvoll Ihre Kollegen, Vorgesetzten, Mitstudierenden und Freunde sein werden.

Zusätzlich zu den drei angstgetriebenen Begründungen berichten nahezu alle von einer Ursache, die ein Teilnehmer schön auf den Punkt brachte:

Meistens habe ich doch schon „ja" gesagt, bevor ich kapiert habe, was ich da eigentlich tue, worauf ich mich da einlasse.

Auf diese Schwierigkeit bezieht sich auch der erste der folgenden Schritte:

[1] Sagen Sie nicht „ja"

Einen erheblichen Schritt auf dem Weg zum „nein" haben Sie bereits getan, wenn es Ihnen gelingt, nicht sofort zuzusagen. Erbitten Sie sich etwas Bedenkzeit. Auf diese Weise haben Sie sich wichtige Zeit verschafft und können die Situation analysieren. Ist die an Sie herangetragene Bitte berechtigt? Fällt die Aufgabe tatsächlich in Ihren Tätigkeitsbereich? Werden Sie von ihrer Erledigung profitieren? *Wollen* Sie dieser Bitte nachkommen?

[2] Hinterfragen Sie Ihre Motive

Überlegen Sie genau, weshalb Sie selbst bei unangemessenen Bitten Probleme mit einem klaren Nein haben. Was steckt bei Ihnen persönlich dahinter?

Wenn Sie Ihre Handlungsmotive kennen, wird es Ihnen leicht fallen, diese zu hinterfragen und zu entlarven.

[3] Hinterfragen Sie die Folgen

Analysieren Sie, welche Folgen ein „Ja" hätte. Welche Aufgaben müssten Sie hinten anstellen? Wie würde sich die Übernahme einer zusätzlichen Aufgabe auf Ihr Stressempfingen auswirken? Wie auf Ihr Privatleben? Welche Termine müssten Sie absagen, welche Aufgaben verschieben?

[4] Machen Sie Ihr Nein deutlich

Haben Sie für sich die Entscheidung getroffen, eine Anfrage abzulehnen, geht es darum, dies klar, deutlich und unmissverständlich zu kommunizieren. Dafür gibt es unterschiedliche Möglichkeiten, die Sie erproben und einsetzen sollten:

- *„Nein, ich habe noch XYZ zu tun"* – kurz, knapp und eindeutig
- *„Es freut mich, dass Sie bei dieser Aufgabe an mich denken, aber leider habe ist meine Zeit bereits mit XYZ verplant"* – besonders höflich, aber ebenfalls eindeutig und unmissverständlich
- *„Ich habe Kollegen XYZ bereits zugesagt, noch XYZ zu erledigen. Da habe ich leider keine Kapazitäten mehr frei."*
- *„Ich habe dafür leider keine Zeit, aber unter Umständen kenne ich jemanden, der Ihnen helfen kann."*
- *„Leider habe ich nicht die nötige Zeit, diese Aufgabe mit gewohnter Gründlichkeit und Qualität zu erledigen."*

- *„Gerne würde ich diese Aufgabe übernehmen, allerdings arbeite ich gerade an XYZ. Soll ich diese abgeben oder hintan stellen?"* – Auf diese Weise schlagen Sie die Türe nicht völlig zu, sondern spielen den Ball zurück ins Feld Ihres Vorgesetzten. Nun ist es an ihm, Prioritäten zu setzen!

Ist es ihnen gelungen, eine Anfrage oder Bitte abzulehnen, entwickeln viele Menschen ein schlechtes Gewissen. Dies ist insofern kontraproduktiv, als Sie den Erfolg, endlich nein gesagt zu haben, nicht genießen können und Gefahr laufen, beim nächsten Mal wieder in alte Verhaltensmuster zurückzufallen und zum Ja-Sager zu mutieren. Führen Sie sich Ihren Erfolg deshalb klar vor Augen. Machen Sie sich deutlich, wie angenehm es ist, weniger Stress zu haben, die eigene To-do-Liste abarbeiten zu können wie geplant und den Familienmitgliedern oder Freunden versprochenen freien Abend nicht kurzfristig absagen zu müssen. So stärken Sie Ihre Kompetenz, nein zu sagen, und wappnen sich für künftige Situationen.

Richtig lernen und studieren

Im Rahmen einer Vielzahl an Methodenseminaren, die sich speziell an Studierende richteten, haben sich drei Bereiche herauskristallisiert, in denen einerseits besonders großes Optimierungspotenzial besteht, und die sich andererseits sehr gut gegenseitig ergänzen:

Abb. 6: Übersicht richtig lernen und studieren

Lesen – die Technik macht's

Lesen kann jeder, der die Grundschule erfolgreich hinter sich gebracht hat, und für Studierende ist ein gezieltes Training der Lesekompetenz sowieso überflüssig – seltsamerweise sehen dies britische, US-amerikanische und mittlerweile selbst deutsche Privathochschulen etwas anders. Für ihre Studierenden bieten sie regelmäßig Workshops und Veranstaltungen an, die eine Steigerung der Lesegeschwindigkeit und eine Verbesserung des Textverständnisses gewährleisten sollen. Selbstverständlich ist an dieser Stelle nicht der Raum, um umfassend Techniken des Speed Readings und Lesestrategien zu vermitteln, doch können Ihnen die folgenden Ratschläge sicherlich helfen und gleichzeitig wertvolle Denkanstöße sein.

Lesestrategie

Setzen Sie die passende Lesestrategie ein, um Texte besonders gut zu verstehen und Inhalte nachhaltig zu behalten. Die bekannteste Lesestrategie SQ3R geht auf Robinson zurück und wird noch heute – teilweise aus Marketingzwecken leicht verändert – gelehrt.

S wie Survey – Überfliegen Sie!

Verschaffen Sie sich einen ersten Einblick über den zu lesenden Text, indem Sie zunächst einen Blick auf Inhaltsverzeichnis und Abstract, aber auch auf Abbildungen, fett Gedrucktes und etwaige Kapitelzusammenfassungen werfen.

Q wie Question – Stellen Sie Fragen!

Lesen Sie Texte nicht auf gut Glück und darauf hoffend, Relevantes automatisch zu entdecken. Fragen Sie genau, was Sie sich vom Text erhoffen und auf welche wichtigen Fragen er Ihnen Antworten liefern kann.

R wie Read – Lesen Sie

Nach den beiden vorbereitenden Schritten lesen Sie den Text – am besten mit dem Stift in der Hand und der geeigneten Speed Reading Technik im Hinterkopf.

R wie Recite – Zusammenfassen

Fassen Sie das Gelesene nach jedem Kapitel oder Sinnabschnitt mündlich oder sogar (besser) schriftlich knapp zusammen. So bleibt der Inhalt besonders gut hängen und Sie decken Verständnisprobleme sofort auf.

R wie Review – Wiederholen

Wiederholen Sie Gelesenes mit Hilfe Ihrer Aufzeichnungen regelmäßig, um die Inhalte in Ihrem Langzeitgedächtnis abzuspeichern.

Lesetempo

Bezüglich des Lesetempos gilt es zunächst einmal festzuhalten, dass ein geschulter Leser über verschiedene Geschwindigkeiten verfügen sollte:

- besonders schnell – bis zu 1.000 und mehr Wörter pro Minute, wenn es um das grobe Überfliegen von Textstellen geht;
- schnell, wenn leichte oder weniger wichtige Texte überflogen werden;
- zügig, wenn Texte oder Textstellen tatsächlich gelesen werden;
- langsam, wenn besonders schwierige Texte, deren Verständnis besonders wichtig ist, studiert werden.

Um Ihr Lesetempo auf all diesen Ebenen zu erhöhen, erlernen Sie am besten Speed Reading – beispielsweise mit *Speed Reading fürs Studium*, erschienen im Schöningh-Verlag, oder einem praktischen Online- oder Tagesseminar. Von heute auf morgen jedoch lassen sich auch die folgenden Ratschläge umsetzen:

- Lesen Sie regelmäßig und auch in Ihrer Freizeit.
- Beginnen Sie mit dem einfachsten Material.
- Aktivieren Sie vor Lesebeginn Ihr Vorwissen.
- Legen Sie klare Ziele für das Lesen eines Textes fest.
- Bemühen Sie sich schon vor dem eigentlichen Lesen, die Struktur des Textes zu erfassen.
- Vermeiden Sie es, sich den Text innerlich vorzulesen.
- Erweitern Sie Ihren Wortschatz.
- Erlernen Sie Gedächtnistechniken, um Gelesenes nachhaltig zu behalten.

Unterstreichen und Markieren

Die Texte vieler Studierender erinnern bereits nach dem ersten Lesen an ‚wertvolle' Gemälde von Kleinkindern – maximal bunt und maximal chaotisch! Erfahrungsgemäß versäumen deutsche Schulen es, ihren Schülern das Herausfiltern und Unterstreichen der wichtigsten Informationen beizubringen. Von daher ist es verständlich, dass Studierende bis zu 70 Prozent eines Textes als wichtig betrachten und unterstreichen.

Sparen Sie sich dies und gehen Sie lieber mit System vor:

- Lassen Sie beim ersten Lesen oder Überfliegen den Bleistift noch stecken. Ohne einen Überblick über den Inhalt des Textes zu haben, können Sie gar nicht entscheiden, welche Information wichtig ist und welche nicht.
- Bemühen Sie sich, die Kernideen des Autors zu erfassen. Vergessen Sie zunächst die eigene Perspektive und lassen Sie sich auf die Aussagen des Verfassers ein. Wenn Sie diese identifiziert und markiert haben, lässt sich der Inhalt leichter erfassen und Ihre Frage schneller beantworten.
- Beschränken Sie sich bei Ihren Unterstreichungen auf einige wenige zusammenhängende Wörter. Verzichten Sie darauf, ganze Sätze oder gar Absätze zu unterstreichen.
- Ergänze Sie Ihre Unterstreichungen durch kurze Hinweise und Zeichen. Auch sich aus dem Text ergebende Fragen, die weitere Recherche nötig machen, sollten notiert werden. Entwickeln Sie dafür Ihr ganz persönliches System an Symbolen und Abkürzungen.

Effizientes Lernen

Die vom Lehrer angegebenen Buchseiten immer wieder aufs Neue lesen, das Buch zuklappen, den Inhalt wiederholen und sich am Ende von Mutti abfragen lassen – so hat Lernen zu Schulzeiten funktioniert. Im Studium jedoch verpassen es erstaunlich viele Studierende, das eigene Lernverhalten den neuen Umständen anzupassen, denn diese haben sich entscheidend geändert:

- der Stoff ist umfangreicher und anspruchsvoller;
- mehrere Prüfungen müssen gleichzeitig vorbereitet werden, in der Klausurenzeit folgt Prüfung auf Prüfung;
- reines Auswendiglernen reicht nicht – Transfer und Problemlösendes Denken sind gefragt.

Wiederholen

Selbstverständlich muss der Prüfungsstoff auch heute noch mehrmals wiederholt werden. Allerdings mit Sinn und Verstand: Planen Sie beim Lernen alle 40 Minuten eine erste kurze Wiederholungsphase ein, an die sich eine Pause anschließt, in der Sie sich erholen und Energie tanken, um mit maximaler Konzentration weiterarbeiten zu können.

Eine weitere Wiederholung sollte am folgenden Tag stattfinden. Zu diesem Zeitpunkt sollte der Lernstoff noch frisch sein. Außerdem decken Sie dabei eventuelle Lücken auf und erkennen, welche Teilgebiete Sie noch genauer unter die Lupe nehmen sollten. Um das Gelernte endgültig ins Langzeitgedächtnis zu befördern, sind etwa drei oder vier weitere kurze Wiederholungen nötig, die sich am besten über die folgenden fünf Tage verteilen.

Karteikarteneinsatz

Besonders effektiv gestalten Sie Wiederholungsphasen durch den Einsatz von Karteikarten. Wenn Sie dabei mit System vorgehen, ist dies gar nicht so schwer: Nutzen Sie einfach die von Dozenten zu Verfügung gestellten Skripten im pdf-Format und kopieren Sie die relevanten Inhalte in ein neues Dokument. Auf diese

Weise ersparen Sie sich lästiges Tippen und sparen Zeit. Passend formatiert (Schriftgröße mindestens 18 pt) und mit Überschriften oder Fragen versehen drucken Sie acht Seiten pro Blatt und erhalten auf diesem Weg praktische und handliche Karteikarten.

Akronyme, Akrosticha und Co.

Ohne großen Aufwand profitieren Studierende vom Einsatz von Akronymen und Akrosticha und gestalten ihre Prüfungsvorbereitung dadurch besonders effizient. Akrosticha kennen wir alle noch aus Schulzeiten: Niemand, dem die Namen der Planeten unseres Sonnensystems nicht mit dem Merksatz *Mein Vater erklärt mir jeden Sonntag unsere neun Planeten* beibrachte. Ein Akronym ist also nichts anderes als ein Satz, bei dem die Anfangsbuchstaben der einzelnen Wörter wertvolle Hinweise auf den Lernstoff geben. Leider wird diese Technik an deutschen Schulen viel zu selten eingesetzt und vermittelt, so dass auch Studierende sie kaum nutzen. Experimentieren Sie etwas damit und Sie werden sehen: Ihr Lernen wird dadurch nicht nur erfolgreicher, sondern auch freudvoller.

Ähnlich verhält es sich mit Akrosticha – hier bilden die Anfangsbuchstaben der zu lernenden Begriffe ein neues Wort. Eines haben Sie in diesem Buch bereits kennen gelernt: SMART für die Kriterien sinnvoller Zielformulierung. Hier gilt das gleiche wie für den Einsatz von Akronymen: bedarf ein wenig der Übung, ist äußerst effizient und macht selbst drögen Lernstoff amüsant.

Wenn Sie mit diesen beiden so genannten Mnemotechniken gut zurecht kommen, sollten Sie sich unbedingt mit Körperliste und 20er-Liste sowie LOCI-Methode auseinandersetzen. Dann werden Sie von diesen Merktechniken für Fortgeschrittene sicherlich profitieren.

Lerngruppen

Bezogen sich die ersten beiden ausgeführten Aspekte in erster Linie auf das Auswendiglernen, ist dies im Studium selbstverständlich nicht genug. Vielmehr geht es mehr als noch zu Schulzeiten darum, komplexe Inhalte zu verstehen, Gelerntes zu vernetzen, eigenständig zu denken und Problemlöseaufgaben zu bearbeiten.

Alleine zuhause im stillen Kämmerlein geht dies nur bis zu einem gewissen Maß – um Lernstoff wirklich zu verstehen und gut vorbereitet zu Prüfungen zu erscheinen ist Teamwork gefragt. Deshalb ist die Bildung einer gut zusammengesetzten Lerngruppe besonders wichtig. Hier können verschiedene Aktivitäten durchgeführt werden, die Ihnen allein nicht gelingen:

- gegenseitiges Erklären von Zusammenhängen
- Referieren des Gelernten
- gemeinsames Brainstorming zu einem Thema
- Vernetzen einzelner Themengebiete
- Lösen anspruchsvoller Aufgaben

Die richtige Prüfungsstrategie

Selbstverständlich geht es in der Prüfungsvorbereitung darum, den Klausurstoff zu lernen und sich mehr und mehr zum Fachmann für das geprüfte Stoffgebiet zu entwickeln. Dies jedoch ist nur die halbe Miete – über den eigentlichen Stoff hinaus sollten Sie sich unbedingt auch die Prüfungsform genauer ansehen und sich auf diese vorbereiten. Plakativ formuliert: Sie werden Ihr vorhandenes Wissen nicht annähernd zufriedenstellend zu Papier bringen, wenn Sie sich auf einen Multiple Choice Test vorbereiten, in der Klausur jedoch eine konkrete Aussage auf mehreren Seiten schriftlich erörtern sollen.

Bemühen Sie sich deshalb möglichst frühzeitig im Semester um Aufgabenstellungen aus den Vorjahren. Hier kann in den meisten Fällen Ihre Fachschaft helfen. Alternativ sprechen Sie Ihren Dozenten direkt an und bitten um Übungsklausuren. Analysieren Sie die Ihnen zur Verfügung stehenden Unterlagen anhand der folgenden Fragestellungen:

Fragestellung	ja	nein
Erwartet mich ein Multiple-Choice-Test?	☐	☐
Werde ich eine Vielzahl kleiner Aufgaben bearbeiten müssen?	☐	☐
Wird die ausführliche Erörterung einer Themenstellung gefragt sein?	☐	☐
Wird Gelerntes abgefragt werden oder werde ich auch Transferaufgaben lösen müssen?	☐	☐
Sind in der Klausur praktische Aufgaben vorhanden, die man nicht lernen, aber üben kann?	☐	☐
Ist eine Kombination der oben genannten Aufgabentypen zu erwarten?	☐	☐
Gibt es Teilgebiete, die immer dran kommen?	☐	☐
Gibt es Teilgebiete, für die besonders viele Punkte vergeben werden?	☐	☐
Kann ich es mir erlauben, einzelne Teilgebiete wegzulassen oder nur flüchtig zu sichten?	☐	☐
Habe ich Zeitprobleme zu erwarten?	☐	☐

In welchem Teilgebiet der Prüfung habe ich meine Stärken?	☐	☐
In welchem Teilgebiet der Prüfung habe ich meine Schwächen?	☐	☐

So vorbereitet kann die Prüfung tatsächlich kommen und nichts wird Sie überraschen. In der Prüfungssituation selbst halten Sie sich am besten an die folgenden Ratschläge:

Notieren Sie Wichtiges, leicht zu Vergessendes

Sobald Sie Ihre Prüfungsunterlagen erhalten haben, sollten Sie sich ein oder zwei Minuten Zeit nehmen und all das auf dem Schmier- oder Konzeptpapier notieren, das Sie sich noch in letzter Minute angesehen haben, da Sie es besonders leicht vergessen. Die wichtige physikalische Formel, das zentrale Zitat oder das besonders relevante Datum – notieren Sie dies gleich zu Beginn, und vermeiden Sie es, während der Prüfung selbst ins Schwitzen zu kommen und unter Umständen vergeblich in Ihrem Langzeitgedächtnis danach zu suchen. Sollte die Prüfung eine umfangreiche Textproduktion von Ihnen verlangen, nehmen Sie sich unbedingt die Zeit, eine möglichst umfassende, ausführliche Gliederung oder Stoffsammlung zu erstellen.

Lesen Sie die Anweisungen

So selbstverständlich dies auch klingen mag, so wenig selbstverständlich ist dies in der Praxis. Jedes Semester klagen Dozenten über zu korrigierende Klausuren, in denen die Arbeitsanweisungen anscheinend nicht gelesen wurden. Vermeiden Sie Themenverfehlungen und nehmen Sie sich lieber eine Minute zu viel als zu wenig Zeit für den Aufgabentext. Sinnvoll kann es auch sein, umfangreiche und umständlich formulierte Aufgabenstellungen in Teilaufgaben zu zerlegen.

Schenken Sie der Bepunktung unbedingt Ihre Aufmerksamkeit – wenn falsche Antworten mit Punktabzügen bestraft werden, sollten Sie sich damit zurückhalten, Kreuzchen auf gut Glück zu machen. Außerdem ist es interessant zu sehen, für welche Aufgaben es mehr oder weniger Punkte gibt. So laufen Sie nicht Gefahr, sich zu lange mit Aufgaben aufzuhalten, die Ihre Note nur minimal beeinflussen.

Überfliegen Sie den Test

Nehmen Sie sich die Zeit, den Test kurz zu überfliegen – so verschaffen Sie sich einen Eindruck über die Anzahl der Fragen und den Testumfang und können Ihre Zeit besser einteilen.

Legen Sie sich einen Plan zurecht

Nein, einen Plan zurecht legen bedeutet nicht, dass Sie massig wertvolle Zeit investieren und umfangreiche Pläne schmieden. Nehmen Sie sich nur ein oder zwei Minuten Zeit, um abzuschätzen, welche Aufgaben Sie mehr Zeit kosten werden und bei welchen Sie vermutlich schnell voran kommen werden. Die meisten Studierenden profitieren davon, sich zunächst auf einfache Fragen zu stürzen und tendenziell mit den Fragen zu beginnen, für die es die meisten Punkten gibt.

Behalten Sie die Uhr im Blick und planen Sie Zeit ein, um abschließend Flüchtigkeitsfehler auszumerzen.

5 Schluss – und zwar in zweifacher Hinsicht

Es ist vollbracht! Und damit ist nicht die Lektüre dieses Buches gemeint – hoffentlich holen Sie es noch häufig hervor, lesen die eine oder andere Stelle erneut und profitieren möglichst langfristig vom aufgezeigten Wissen.

Vielmehr soll sich das folgende Schlusswort auf das Ende Ihres Zweitjobs beziehen. Auf das Ende des Studiums, das Sie neben Ihrem Beruf absolviert haben. Denn mit Erreichen des angestrebten Studienabschlusses wird unweigerlich die Frage „Und jetzt?" im Raum stehen. Haben Sie einen Bachelorstudiengang absolviert, könnte der nächste Schritt ein darauf aufbauender Masterstudiengang sein, haben Sie einen Master erworben, bietet sich unter Umständen eine Promotion an.

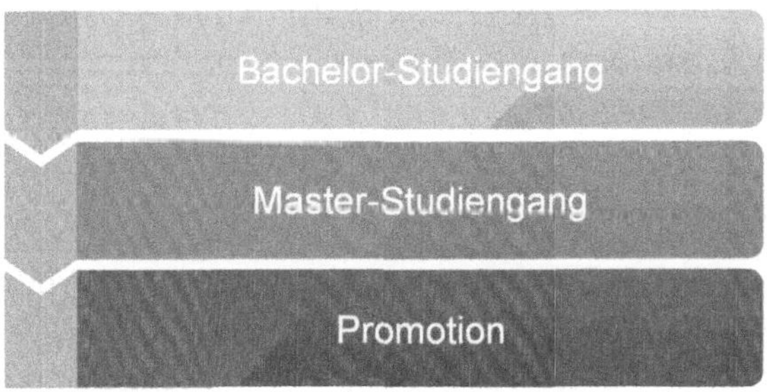

Abb. 7: Potenzieller Werdegang

Wenn diese Aussicht Sie erschreckt oder Sie diese Abbildung für eigentlich überflüssig halten, ist dies zum jetzigen Zeitpunkt ganz normal. In der Regel stellt ein Studium neben dem Beruf eine so große Herausforderung dar, dass die Frage nach dem Abschluss noch in weiter Ferne liegt. In der Tat planen die Wenigsten in Ihrer Situation, mehr als nur möglichst schnell einen Bachelor- oder Master-Abschluss zu erwerben.

Glauben Sie mir jedoch, spätestens mit Bestehen der letzten Prüfung, spätestens mit Einreichen der Abschlussarbeit werden auch Sie sich diese Frage stellen. Wenn Sie dann zu der Erkenntnis kommen, dass es dies wirklich gewesen ist, dass Sie Ihre akademische Laufbahn wirklich an dieser Stelle enden lassen, ist dies absolut in Ordnung. Genießen Sie Ihre neu gewonnene Freiheit, konzentrieren Sie sich ganz auf Ihre neuen Karrieremöglichkeiten und widmen Sie sich Ihrer Familie.

Nur so wirklich einfach fällt vielen Studierenden diese Entscheidung nicht. Stellvertretend für eine Vielzahl studentischer Äußerungen steht das folgende Zitat:

„So sehr ich mich auch auf meinen Studienabschluss gefreut habe, so schrecklich fand ich den Morgen nach meiner letzten Prüfung. Wir hatten noch mit Freunden gefeiert, aber als ich am nächsten Tag aufwachte, gab es nicht zu tun. Nichts zu lesen, nichts zu schreiben, nichts zu lernen. Ich gönne mir jetzt erstmal eine kurze Auszeit und dann sehe ich weiter. Vielleicht hat mich die Uni ja nicht das letzte Mal gesehen."

(Lucca)

Während es während des Studiums bei fast jedem nebenberuflich Studierenden Momente gibt, in denen ein Abbruch des Studiums im Raum steht, ändert sich dies nach erfolgreichem Abschluss häufig. Das nebenberufliche Studieren hat über lange Zeit so viel Raum eingenommen, dass viele Absolventen anstelle eines

Freiheitsgefühls eine große Leere empfinden, die bis hin zu einer depressiven Episode führen kann. Dies ist nur allzu verständlich, hat sich Ihr Leben während der Studienjahre doch unter Umständen stark verändert:

- Hobbys wurden aus Zeitgründen aufgegeben
- durch regelmäßiges, frühes Aufstehen haben Sie einige zusätzliche Stunden zur Verfügung
- verständnislose Freunde sind aus Ihrem Leben verschwunden
- an deren Stelle traten neue Freunde, deren Studium unter Umständen noch lange nicht endet
- Sie haben sich persönlich weiter entwickelt,
- sind fokussierter, ehrgeiziger und zielstrebiger geworden,
- es ist für Sie zur Gewohnheit geworden, nach den Sternen zu greifen,
- Sie wissen, dass Sie in der Lage sind, Großes zu leisten.

Machen Sie es wie oben zitierter Lucca und gönnen Sie sich tatsächlich erst einmal eine kleine Auszeit. Fahren Sie in Urlaub, nehmen Sie sich einige Tage frei und treiben Sie Sport oder gehen Sie den Hobbys nach, die während des Studiums zu kurz gekommen sind – und erst im Anschluss daran machen Sie sich Gedanken um Ihre Zukunft.

Sollten Sie sich dann tatsächlich gegen ein weiteres Studium entscheiden – herzlichen Glückwunsch zum bereits Erreichten und viel Erfolg im Beruf.

Sollten Sie sich für einen Master-Studiengang entscheiden – Sie stehen vor einer großen Herausforderung. Viel Erfolg!

Sollte sogar eine Promotion anstehen – viel Erfolg ... und der ein oder andere Ratschlag:

- Suchen Sie sich einen Doktorvater, der von Ihnen überzeugt ist. Unter Umständen konnten Sie bereits während des Studiums nähere Kontakte zu einem Professor knüpfen oder haben Ihren Betreuer mit Ihrer Master-Thesis beeindruckt.
- Entscheiden Sie sich für ein Thema, für das Sie wirklich brennen. Nichts ist schlimmer, als sich über Jahre mit ein und derselben Fragestellung auseinandersetzen zu müssen, wenn man doch eigentlich nur an dem akademischen Grad interessiert ist.

Überlegen Sie genau, ob wissenschaftliches Arbeiten und Schreiben Ihnen tatsächlich liegt. Unter Umständen ist es sinnvoll, den ein oder anderen an Ihrer Hochschule angebotenen Workshop zu besuchen oder das ein oder andere diesbezügliche Buch zu lesen – beispielsweise *Promovieren mit Plan* aus der utb-Reihe.

Index

Das Must-have für Studierende

Rödiger Voss
Wissenschaftliches Arbeiten
... leicht verständlich!
2015, 200 Seiten, Broschur
ISBN 978-3-8252-8649-1

Bei der Planung und Bearbeitung wissenschaftlicher Arbeiten treten eine Vielzahl von Fragen auf, wie z. B. »Wie finde ich ein passendes wissenschaftliches Thema?«, »Wie gehe ich mit Wikipedia als Quelle richtig um?« oder »Wie kann ich aus meiner wissenschaftlichen Arbeit einen Vortrag gestalten?«.

Dieses Buch liefert die Antworten. Es bietet eine umfassende Grundlage für die inhaltliche und formale Gestaltung einer wissenschaftlichen Arbeit, das Zeitmanagement, die wissenschaftliche Recherche, effiziente Lesetechniken sowie die Darstellung wissenschaftlicher Vorträge.

Zahlreiche Beispiele, Merkhilfen und Tabellen machen das Buch zu einer unentbehrlichen Arbeitshilfe.

www.uvk.de

UVK Lucius utb.